工作辛苦，却没有作为，只缘于折腾；

生活富裕，却没有幸福，皆因为纠结。

工作不折腾 生活不纠结

领悟折腾的后果，看透纠结的本质，

明晰职场的真相，掌控人生的幸福。

老　泉　张小冰◎著

中国言实出版社

图书在版编目(CIP)数据

工作不折腾　生活不纠结/老泉,张小冰著.
—北京 :中国言实出版社，2012.10
ISBN 978-7-80250-994-8

Ⅰ.①工…
Ⅱ.①老…②张…
Ⅲ.①成功心理—通俗读物
Ⅳ.①B848.4—49

中国版本图书馆 CIP 数据核字(2012)第 221303 号

出版发行　中国言实出版社

地　址:北京市朝阳区北苑路 180 号加利大厦 5 号楼 105 室
邮　编:100101
电　话:64924716(发行部)　64924735(邮　购)
　　　　64924880(总编室)　64914138(编辑部)
网　址:www.zgyscbs.cn
E-mail:zgyscbs@263.net

经　　销　新华书店
印　　刷　北京世纪雨田印刷有限公司
版　　次　2013 年 1 月第 1 版　2013 年 1 月第 1 次印刷
规　　格　710 毫米×1000 毫米　1/16　14 印张
字　　数　180 千字
定　　价　32.00 元　　ISBN 978-7-80250-994-8/B·296

前言

工作上最怕的是折腾，生活中最担心的是纠结。

所谓工作上的折腾，就是因在工作过程中漫无头绪、思路不清、甚至没事找事、无事生非，朝令夕改，忽左忽右，总是做一些毫无意义的事和没必要的事。可以说，在职场中，无论是员工还是管理者，都经不起工作的折腾。

要想在工作上不折腾，我们做任何事都要有目标、有毅力、有恒心，还要做出成绩。工作要做就要做好、做细、做精，决不能半途而废，这是做一名好员工的基本要求。因为这份工作是我们自己精心选择的，即便有些不满意也要坚持，也许坚持后会有转机，也许坚持后会有新的收获，也许坚持后一些原本不满意的因素会得到转变。很多人不想坚持，而选择了换工作，但也许下一份工作会遇到同样的问题，也许下一份工作还不如这份工作……再坚持一下，先别忙着折腾，先想想这份工作有哪些好的地方，有哪些可以学习的地方，有哪些自己还没做好的地方。说不定我们会看到新的方向，找到新的起点，产生新的动力，做出新的成绩，有新的成就感。不仅如此，企业也许会因你的改变而更加壮大，上司也许会因你的努力而更加信任，同事也许会因你的坚持而更加支持。一切皆有可能，关健在于我们是否有智慧的眼睛看到前途，关键在于我们要懂得且要保持工作不折腾。

虽然说，我们在工作可以做到不折腾，但生活上的纠结却在所难免。当我们想得太多而做得太少时，我们就会抱怨生活，从而让自己纠结；当我们迷惑于诸多选择而左右为难时，我们也会因为弄不清自己究竟需要什么而产生纠结；当我们不愿突破自我，在生命的征途挣扎与困惑时，我们更容易陷入纠结。有些时候，遇到烦恼，我们纠结；遇到挫折，我们纠结;遇到不满,我们纠结;遇到迷茫,我们还纠结……总之,折腾让我们虚度光阴,而纠结让我们的生活混乱。

人生不如意事十之八九,职场也一样,不会尽如人意,时常会令我们纠结。大多时候,我们都是生活中思想的纠结者,如果我们对待生活的态度能随缘一些,如果我们的想法再积极一些,如果我们把生活中的烦恼、工作中的琐事、身体上的小疾、感情上的磕碰等等这些麻烦,视作生命中不可或缺的东西,就像泰戈尔一样,把麻烦看作是生命中赖以表现自己韵律的一部份,以豁达大度的心态而处之,那么纠结可能会越来越少,甚至不再纠结。

人在职场,快乐往往寓于平凡之中。甘于平凡,并不是庸碌无为,不求进取,而是一种生存姿态。正是因为平凡,我们必需辛勤劳作,必须付出更多的心血和汗水,打造属于自己的那片天空,尽管很累,但我们仍然可以放飞自己的心情,去思考和选择多彩的人生。然而,前途虽是光明的,道路却是曲折的,人生总不会那么一帆风顺。苏轼也曾感慨:“人有悲欢离合,月有阴晴圆缺,此事古难全。”这些都是生活中的缺憾,生活中的纠结,但纠结再多,生活也要继续下去。虽然我们不可能改变人生的游戏规则,但可以把握自己,改变自己的心情,让纠结烟消云散。

挫折是人生的财富,失败是成功之母,只要我们以一种阳光心态直面挑战,就不会去折腾,更不会害怕纠结。工作不折腾,生活不纠结,是我们行走于职场的最高境界。在工作和生活中,多一点智慧和勇气,学会平衡自己的生活,懂得有舍才有得,并且宽容豁达,知足常乐,把握住自己心中的准绳,你的职场之路将会走得更加从容,你生活中的幸福指数也将日渐提高。

目　录

Contents

上部　工作不折腾

在职场，成功除了努力工作不折腾之外，没有别的捷径可走。刚刚踏入工作岗位的员工，往往容易产生浮躁心态和“速成”心理，没有明确的工作目标，缺乏果断行动的执行力和忠诚敬业的职业精神，有的甚至眼高手低频繁地更换工作，就这样“折腾”掉了大好的青春和工作机会，到头来一事无成。事实上，只要工作不折腾，只要勤奋努力，任何工作都可以帮助我们通向成功。

第一章　工作努力，确保“不折腾”

在工作的过程中，如何才能确保“不折腾”呢？工作中的“不折腾”并不等于简单的循规蹈矩，得过且过。“努力工作”与“不折腾”是不可分割的两个方面。“努力”是我们的工作动力，“不折腾”是我们的工作方式，只有“努力工作”和“不折腾”并举，才有可能又快又好地完成我们的工作。

第二章　目标明确，避免“瞎折腾”

任何工作都会有一个预想目标，总会有一个期望的结果。明确的目标就是一盏指路灯，指引我们朝着正确的方向前进。成功的职场之路，是由一个个目标铺成的。没有目标，哪儿来的劲头？有了前进的目标，一个人才会最大可能地发挥自己的潜力，主宰自己的命运。工作“不折腾”，首先体现在要明确目标上，只有选择正确的方向，运用科学的方法，坚定不移地走下去，才能避免“瞎折腾”。

第三章 高效执行，减少“空折腾”

高效执行就是迅速行动，行动就是付出，没有行动，所有美好的计划、梦想和目标都实现不了。爱自己的工作不是空洞的口号，它体现在具体的行动中。当工作的方向和目标确定后，必须紧抓落实，将自己的目标落实到具体的行动上来，只有这样才能减少“空折腾”，也只有这样，我们的工作才能事半功倍，才能更有效率。

第四章 业绩提升，杜绝“白折腾”

职场中，“最近比较忙”是很多人的口头禅，“忙”字成了无数人工作和生

活的写照。虽然“忙”字代表了人们的生活状态，但它代表不了人们的生活质量，很多整天忙碌的人没有取得业绩，从头至尾都是在“白折腾”。要知道，在职场中打拼，任何美妙的借口都没有用，唯有业绩才是硬道理。

第五章 忠诚敬业，摒弃“乱折腾”

在工作中，如果你总是能够忠诚敬业，那么你的老板自然会愿意将那些重要的任务放心地交给你去处理。而如果你每次都对自己的工作三心二意、敷衍了事，就等于是在拿自己的明天、自己的未来作赌注，因为所有功成名就都是踏踏实实地干出来的，而不是胡乱折腾出来的。不要被眼前的那点微不足道的利益蒙蔽，对企业忠诚，对工作敬业，才能稳健地走好自己的职场之路。

下部 生活不纠结

纠结，指难于解开或理清的缠结。在职场生活中，确实会有许多时候让人左也不是右也不是，陷入困惑或矛盾之中。其实，人生的挫折无处不在，只有以一种阳光心态直面挑战才是上策。生活百味杂陈，纠结在所难免。多一点智慧和勇气，学会平衡自己的生活，懂得有舍才有得，并且宽容豁达，知足常乐，能够把握住自己心中的准绳，你的职场之路才会走得更加从容，你生活幸福指数也将日渐提高。

第六章 平衡工作和生活，用心生活不纠结

现代社会节奏很快，许多人都因为忙于工作，而忽略了家人，更忽略了自己，忘却了生活的真谛。究竟该如何处理好工作与生活的关系？如何平衡两者？有人做过这样一个形象的比喻：工作是一个橡胶球，它随时还会弹回来，但家庭、健康、朋友和精神等是玻璃球，如果你把其中任何一个丢在地上，他们将不可避免地受到损坏，甚至支离破碎。所以，每一个优秀员工都得懂得，不仅要好好工作，更要致力于生活中的平衡。

第七章 轻装上阵淡定前行，减法生活不纠结

减缓脚步，松弛神经，轻装上阵，淡定前行，将牵绊自己的移开，将给自己压力的放下，将心中的忧虑倾出，身心自在地活着，这就是减法人生。减法人生不纠结，因为它可以减少些忙碌，给自己时间品一盏春茶。别等所有你舍不得丢的东西都随岁月流失后，才发现没能好好享受生活，守住自己的快乐。

第八章 宽容大度和睦共处，和谐人生不纠结

宽容是一种素质，和谐是一种境界。在职场，多一分宽容，就少一分纷争，就少一分干戈，就少一分阴霾；多一分和睦，就多一分理解，就多一分友爱，就多一分感动。宽容别人，表面上看是你不计较他人的错误，而真正感到轻松的却是你自己，宽容别人的同时也将堵在自己心口的那块石头搬掉了，心清静了，澄澈了，也就没有纠结了。

第九章 放低幸福的门坎，平淡知足不纠结

成功，对人们来说是一个多么美好的字眼，但是，任何人都不可能只拥有成功，其实，成功和失败在同一轨道上，是一对孪生兄弟，总是相伴而生。成功的喜悦，终有一天会结束，所以每一个职场中人要不怕平淡，懂得知足。知足，能使人保持心理的平衡，维护心情的宁静，看菜吃饭，量体裁衣，一切都量力而行。

第十章 掌控自己的人生，幸福生活不纠结

许多职场人有时生活得很盲目、很浮躁，只知道这个社会竞争很激烈，需

要去奋斗，去搏击，但面对光怪陆离的诱惑，往往会身不由己地随波逐流，变得“我已然不再是我”。生活把我们每个人都卷进了生存竞争的大潮，有的人站在浪尖上领导时代新潮流，有的人则是被潮水推着不得不走，有人干脆逆流而上。大道多歧，哪一条是对的，全靠自己把握。有些人选对了路，有些人却终生走不出命运的“迷宫”。因此，人活着，确实得把握住自己，能不为外界的时髦和流行所左右，保持平常、平静、平稳的心态，坚定地走下去。

附 录

上部　工作不折腾

在职场，成功除了努力工作不折腾之外，没有别的捷径可走。刚刚踏入工作岗位的员工，往往容易产生浮躁心态和“速成”心理，没有明确的工作目标，缺乏果断行动的执行力和忠诚敬业的职业精神，有的甚至眼高手低频繁地更换工作，就这样“折腾”掉了大好的青春和工作机会，到头来一事无成。事实上，只要工作不折腾，只要勤奋努力，任何工作都可以帮助我们通向成功。

第一章

工作努力,确保“不折腾”

在工作的过程中,如何才能确保“不折腾”呢?工作中的“不折腾”并不等于简单的循规蹈矩,得过且过。“努力工作”与“不折腾”是不可分割的两个方面。“努力”是我们的工作动力,“不折腾”是我们的工作方式,只有“努力工作”和“不折腾”并举,才有可能又快又好地完成我们的工作。

1

折腾工作就是折腾自己

作为一个员工，不管你从事哪种工作，都要将自己的工作当成一种神圣的使命。不管你的工作环境多么恶劣，操作条件多么艰难，都要用积极的态度去面对，千万不能以此为借口，来折腾你的工作。只要你还在公司工作，你就是公司的一员。千万要记住，在任何情况下，都不能折腾自己的工作，否则不经意间就会断送自己的前程。因为，折腾工作实际上就是在折腾自己。

优秀员工不会整天患得患失地追问公司能为自己做什么，而是时常反问：自己为公司做了什么！

工作本身没有高低之分，更没有贵贱之别。所有的岗位都值得我们去尊重。因此，不管我们身处哪个职位，都不应该折腾工作，都要珍惜，珍惜自己现在所拥有的工作。

职场中，确实有些人一心渴望得到更好的工作环境，更高的地位，却常常抱着消极的态度去工作，来回折腾。这样的人，对公司没有价值，对自己也不负责任，迟早会被淘汰出局。

任何一家企业的老板都不喜欢那些爱折腾工作的员工，他们赏识的是那些踏实上进的员工。那些对工作抱着不屑的态度、爱折腾的人，往往会在职场上表现得非常懒散，对工作不负责任，对公司不负责任，对自己更不负责任。而那些对工作认真负责的员工，会自觉地去花费时间和精力去提高自己的业务能力，尽自己最大努力去为公司多做一些贡献。这样一来，他们自然能得到同事的认可与老板的信任。同时，他们获得晋升的机会自然就多。这些晋升的机会，无疑是对他们辛苦努力的嘉奖。

重庆西源凸轮轴有限公司工段长谢怀德一心痴迷技术，创新技术六十多项，是工友们心中真正的靠双手实现人生价值的能人。他的成功，主要归功于他从不折腾。

他虽然头上顶着光环，专业技术更是炉火纯青，但他的从业之路并非一帆风顺，他曾经是老师傅口中的“笨徒弟”。刚进厂时，由于技术不过关，谢怀德被安排到厂里最陈旧的一台机床工作。两位师傅看他笨手笨脚，讥笑他说：“你能学技术，母猪会上树。”生性内向的谢怀德在心底暗暗发誓：“不超过你们决不罢休！”

每天提前上班一个小时，下班晚两个小时，车间那轰隆隆的声音，是谢怀德苦练基本功的见证。就在这轰隆声中，谢怀德的技术突飞猛进。3个月后，他用全厂最差的车床车出了全厂最高产量，超过了那两位师傅。一年后，谢怀德练就了一手令全厂车工望尘莫及的车削管螺纹绝技。车一个只要6秒钟，全场哑然，6秒意味着速度提高了60倍！

2008年，谢怀德荣获“全国技术能手”称号，公司领导几次要提拔他担任中层管理干部，但谢怀德都谢绝了：“我的追求不是‘当官’，还是让我搞技术吧！”

高超的技术、踏实的品格，加上荣誉和社会知名度与日俱增，谢怀德成了众多企业竞相追逐的“香饽饽”。谁都知道，这样一位高技能人才的含金量。

2001年，一家机械加工厂高薪聘请谢怀德去当副厂长；2003年，又有一家企业给出30万年薪的优厚条件邀请谢怀德；之后，浙江一企业老总以“三顾茅庐”的精神，在谢怀德楼下苦守一个星期，并许诺只要谢怀德来，就给他20%的公司股份……几年间，永川、重庆乃至外省的十多家企业都向谢怀德抛出“橄榄枝”，并以高薪酬、高职务、高待遇作为条件，但谢怀德都婉言谢绝了。

对谢怀德而言，西源凸轮轴公司就像他的一个“孩子”，二十多年来，谢怀德把自己的青春年华都奉献给了它，他说：“这世上并不是所有的东西可以都用钱来衡量，我在厂里成才，我有自己的职业操守，我懂得折腾工作就是折腾自己。”

谢怀德能有如此成就，主要是因为他有一颗认真负责的心，努力工作不折腾，无论在什么情况下，都能踏踏实实地做好自己手上的每一件事。这样认真负责的员工，是任何一家公司都想留用的。

现代职场，工作竞争越来越激烈，领导们不仅仅只看中学历，员工的做事能力与人际交往能力也越来越受到领导的重视。只要你在自己的工作岗位上，能够做到不折腾，不抱怨，做好自己的手头工作，自然就能在企业中高枕无忧，获得更好的发展平台和成长空间。

2 勤奋工作的员工从来不折腾

俗话说，业精于勤荒于嬉。勤奋工作是员工的立身之本，但有些员工却不这样认为。他们觉得工作就是为了得到报酬，因此给多少钱干多少活儿。如果你是这样的员工，就会做一天和尚撞一天钟，得过且过，对工作马马虎虎，总想折腾出来一些事，最终你的折腾只会让自己越拿越少甚至无钱可拿。而如果你的心中有做多少事拿多少钱的观念，你就会勤奋工作，争取用自己的工作绩效来证明自己的实力，证明自己可以为单位提供高于自己目前薪资的服务，如果单位能够给你提供一个更高的平台，你一样有能力把工作做得更好，那么你就会得到相应的肯定和提升，薪酬自然也就会越拿越多。这在任何单位都不例外。

疯狂英语的创始人李阳曾说：“只要你有三餐饭吃，你就可以把除此之外时间和精力用于学习和提高。”

工作勤奋，并不是说大话、空话，而是要实际行动。优秀员工都懂得用行动来证明自己的能力，而不仅仅是嘴上夸夸其谈。

“让我们勤奋地工作！”这是古罗马皇帝的临终遗言。罗马人之所以能征服世界并建立辉煌一时的罗马帝国，靠的就是勤奋与努力。当时的罗马最受人尊敬的工作就是农业生产，任何一个从战场上胜利归来的将军都要走向田间。正是整个罗马的勤奋品质，使这个国家逐渐变得富强。不过当财富和奴隶慢慢增多时，罗马人开始觉得勤奋劳动变得不再必要了，变得爱折腾了，这个国家也就开始走向了灭亡。

“天才，是百分之一的灵感加百分之九十九的汗水！”这句话对大家来说并不陌生。爱迪生是这样说的，更是这样做的。他工作起来能一连十几个小时不离开实验室。为了找出白炽灯丝，他试验了六千多种材料；为了发明蓄电池，他前后耗费了十年的时间。正是因为他付出了辛勤的汗水，才成就了自己。

美国女国务卿赖斯的奋斗史颇具传奇色彩，短短二十多年，她就从一个备受歧视的黑人女孩成为著名外交官，奇迹般地完成了从丑小鸭到白天鹅的嬗变。有人问起她的成功秘诀，她简明扼要地说，因为我付出了超出常人8倍的辛劳！

赖斯小时候，美国的种族歧视还很严重，特别是在她生活的城市伯明翰，黑人的地位非常低下，处处受到白人的歧视和欺压。

赖斯10岁那年，全家人去纽约观光游览。就因为黑色皮肤，他们全家被挡在了白宫门外，不能像其他人那样走进去参观！对于这样的待遇，小赖斯咬紧牙关注视着白宫，然后转身一字一顿地告诉爸爸：“总有一天，我会成为那房子的主人！”

赖斯父母十分赞赏女儿的志向，告诫她说：“要想改善咱们黑人的状况，最好的办法就是取得非凡的成就。如果你拿出双倍的劲头往前冲，或许能获得白人的一半地位；如果你愿意付出四倍的辛劳，就可以跟白人并驾齐驱；如果你能够付出八倍的辛劳，就一定能赶到白人的前头！”

为了实现“赶在白人的前头”这一目标，赖斯数十年如一日，以超出他人8倍的辛劳发奋学习，积累知识，增长才干。普通美国白人只会讲英语，她则除母语外还精通俄语、法语和西班牙语;白人大多只是在一般大学学习,她则考进了美国名校丹佛大学并获得博士学位;普通美国白人26岁可能研究生还没读完,她已经是斯坦福大学最年轻的女教授,随后还出任了这所大学教务长一职。普通美国白人大多不会弹钢琴,可她不仅精于此道,而且还曾获得美国青少年钢琴大赛第一名;此外,赖斯还用心学习了网球、花样滑冰、芭蕾舞、礼仪等。凡是白人能做的,她都要尽力去做;白人做不到的,她也要努力做到。天道酬勤,"8倍的辛劳"带来了"8倍的成就",她终于脱颖而出,一飞冲天。

人在职场,我们都渴望建功立业,也希望公平竞争,但事实上,真正的公平竞争很少,总有这样那样的非公平因素在其中作梗捣乱。那么,既想在竞争中获胜,又不搞邪门歪道,那就只有不折腾,锲而不舍,比别人花费更多的时间和精力,像赖斯那样,付出比别人多"8倍的辛劳",以无可争议的优势来取胜了。

任何时候,有耕耘就有收获,一个急切渴望成功却又总与成功无缘的人,无需怨天尤人,不妨先问问自己:你是否付出了"八倍的辛劳"?

当今职场,谁都喜欢勤勤恳恳工作的人,对那些迟到、早退、上班聊天、上网、玩游戏、炒股的人无不是持批评态度。勤奋工作吃亏是暂时的,因为你让领导放心了,你得到别人的信赖,你让人认可了。返回身看,你吃亏了吗?没有。当你生病时,会有很多人自愿地来看望你;你有困难时,会有很多人向你伸出温暖之手。

但是,有些员工误解了勤奋工作的涵义,他们认为勤奋就是不停地工作,就是加班加点,其实这并非勤奋,而是不具备在规定时间里完成工作的能力,是低效率的一种表现。在工作中,要不断地学习、摸索、总结经验,想方设法地提高自己的工作效率。这样才能充分、合理、有效地利用有限的时间做更多的事情。因此,勤奋工作不折腾,并不是像机器一样盲目运转,而是要掌握一定的"勤奋方法":

(1)勤学好问,遇事留心

丰田公司有一名基层管理人员叫大野耐一,他既没上过MBA,也没有读过多少经济学著作,但是他在管理理念方面却颇具灵感。没有人会想到,这位普通职员竟然是丰田生产方式的发明者。这一切,都是由于大野喜欢打破沙锅问到底,遇到问题他要连问五个为什么，然后找出解决问题的办法。

有一次，机器开不动了，大野问：“为什么机器停了？”

员工回答：“负荷太大，保险丝断了。”

大野再问：“为什么负荷太大？”

员工回答：“轴承部分不够润滑。”

大野又问：“为什么不够润滑？”

员工回答：“润滑油泵吸不了油。”

大野还问：“为什么吸不了油？”

员工回答：“油泵磨损，松动了。”

大野追问：“为什么会磨损？”

员工回答：“没有安装过滤器，粉屑进去了。”

于是，大野灵机一动，找到了解决问题的办法。

如果在工作中能勤学好问，就能不断地提高自己的知识储备，帮助自己不断地拓展视野。只有这样，才能够利用今天这个资讯时代中的各种信息，帮助自己提高工作效率，发现问题，并解决问题，把工作做得更完美。

(2)安排好工作日程

玛丽·韦尔斯·劳伦斯是一名通过自己艰苦奋斗取得成功的美国女老板，她是韦尔斯·里奇·格林广告公司的董事长。她精通生意经，她明白怎样使自己每天的工作更有效，因而在商业界具有很大的影响。但她的公司刚开业时只在纽约的一家饭店里租了一间房子，只有她母亲替她接电话，两个人甚至连吃午饭时也不休息，十六年过去了，至今她仍是在办公室里吃午饭。她说：“我安排自己的生活就像很多人经营自己的生意一样。”有次还对《时装》杂志的一位记者说：“我总是把一切都考虑得很周密。”

这是一个成功经验，如果你还没有养成安排工作日程的习惯，那就从现在开始学习。安排工作日程，要随时做笔记，将下一步计划要做的事情记下来，不要太过于相信自己的记忆力。事先做好准备，可以让你在工作时有条不紊，提高效率。所以在完成当天工作的同时，也应挤出点时间把第二天的事情安排好。

(3)在成功之后,应该继续努力

调查表明,诺贝尔奖的获得者获奖之后,成就、论文篇数等还不及其获奖前的一半。勤奋为你打开成功之门,而成功则很可能会成为勤奋的坟墓。大多数人在凭借着勤奋努力被老板重用和提拔之后,就觉得应该放松一下,慰劳一下自己前段时间的辛苦工作,于是就又回到原来的机械工作上去了。

“人生有两种悲剧,一种是万念俱灰,另外一种则是踌躇满志”,这两种悲剧都会导致一个人终止自己的勤奋和努力。要知道,一次成功并不能代表什么,也不能决定什么,只有持续不断地继续努力,才能够成为真正的成功者。

古今中外,凡成就事业者,无不是脚踏实地、艰苦攀登的人。劳动创造一切,只有勤奋工作不折腾的人,才能成就一番事业。

3 一丝不苟地做好每一件事

好事总不需要吹,伟大是靠一点一点干出来的,只有脚踏实地,潜心事业、永远敬业的人,才有可能成就千古伟业。而要做到这一点,就在于认真,在于一丝不苟!

“一丝不苟”指的是办事认真、严谨,一点儿也不马虎。办事要是做到一丝不苟,就一定会很顺利、成功。

在职场中,我们要把各项工作都做好,就既要雷厉风行,又要严谨细致。不因雷厉风行而失之于粗心,不因严谨细致而失之于拘谨,我们的思想作风就会更加端正成熟,我们的工作就能不断地开拓前进,卓有实效。

一天,俄国生理学家巴甫洛夫的一位学生兴高采烈地对他说：“亲爱的老师，经过长时间的实验，我可以证明动物在长期饥饿以后，仍然会有消化液流入空的消化道。”

“不大可能有这样的事。”巴甫洛夫断然回答。

学生回去以后又一次进行了深入研究，然后带着实验的数据记录和图像曲线来见老师。

“我还是觉得这令人难以置信，但我愿意亲自做实验检验一下。”巴甫洛夫摇摇头说，“当没有足够令人信服的证据的时候，我无法了解这种分泌的意义。在这种情况下，我绝对不会苟同别人的观点。”

学生只得留下自己的实验结果。

为了检验这个学生的实验结果，巴甫洛夫在饥饿的狗面前，几乎一动不动地坐了一个昼夜。他对谁也没讲一句话，连饭都不吃一口。最后，他得到的数据和曲线终于证明学生的实验结果是正确的。

天亮的时候，这个学生又来了，巴甫洛夫兴奋地说：“你是对的！我恭喜你！你果然发现了一个非常重要的现象，这一结论完全可以写到你的博士论文里。”

巴甫洛夫严谨的科学态度值得我们学习。不过一般人总认为，严谨者做事认认真真，做什么事情都要消耗很长时间，效率很低。其实这是一种错误的认识。严谨者往往力求做事做到位，可能会在开始时拖延一点时间，然而一旦达到目标，那么这个目标就是实实在在的。

相反，做事习惯于敷衍或者只图一时之快而马马虎虎者，虽然完成了眼前的任务，但实际上并没有达到真正的目标，带来的后患是无穷的，会导致这个目标无限期拖延。如果一切重新开始，又会浪费大量的人力物力，同时也会丧失大好机会。从这个角度来讲，严谨细致能促你稳步前进。

要明白，在世界上，只有平凡的人，没有平凡的工作。不管做什么工作，关键是要看你用什么样的态度对待它，用什么样的方法完成它。就算是一件小事，以严谨的态度对待它，也有可能因此获得成功。

有位哲人曾说：“严谨的态度能够弥补智力上的缺陷。”严谨，作为一种生活态度，是一个人从事任何一项事业，做好任何一件事情所必须遵守的基本准则。

因此，在工作中，无论我们做什么事，需要的都是一种严谨、平稳的心态，只有这样才能保证做事的高质量。相反，如果没有时刻保持严谨的心态，则会付出很大代价。

瑞典化学家舍勒在1773年以前，就通过实验制取了纯净的氧气。但是，作为“燃素学说”的忠实信徒，他错误地把这种气体叫做“火气”，并且认为燃烧是火气与燃烧物中的燃素结合的过程，火和热是火气与燃素化合的产物，从而未能正确地解释燃烧现象。

与此同时，英国化学家普里斯特利也通过实验制取了这种气体。他把蜡烛放在这种气体中，发现火焰比在空气中更加炽热明亮。他还把老鼠放进去，发现它比在等体积的寻常气体中活的时间约长了4倍。他亲自尝试了一下，一吸进去，便“觉得这种气体使呼吸轻快了许多，使人感到格外舒畅”。但他没有继续研究，而是开始了在欧洲大陆的度假旅行。

这两位科学家本来已经揭开了面纱的一角，但他们都不以为然，随意地放弃了。

于是，机遇女神将青睐的目光投向了拉瓦锡。最后他终于得出结论：原来，在没有密封的燃烧当中，空气中有一种新的物质元素参与了反应，使得物质燃烧前后重量不一。为此，他将这种气体命名为酸素，也就是我们今天所说的氧气。

作为一名优秀的员工，无论做什么事，都需要有一种严谨、平稳的心态，只有做事细致认真，一丝不苟，才减少失误，保证做事的高质量。只有这样，我们才能进步，才能取得成功。

养成严谨的作风，严谨的品质，会使人终身受益。

多年前，李先生还在一家营销策划公司工作。当时，他的一位朋友找到他，说自己的公司想做一个小规模的市场调查。朋友说，这个市场调查很简单，希望李先生能把业务接下来，最后的调查报告由李先生把关，当然也会给李先生一笔钱作为报酬。

调查报告出来以后，李先生明显看出了其中的漏洞，但他只是做了些文字加工和修改，就把它交上去了。

几年以后，几位朋友邀请李先生组成一个项目小组，共同去完成一家大型娱乐场所的整体营销方案。没想到，对方业务主管明确提出对李先生的印象不好，因为之前李先生把关的调查质量很差。原来这位主管正是当年那个市场调查项目的委托人。

听到这个消息后，李先生后悔莫及，但为时已晚。

所以，我们要随时谨记：没有可以随意打发糊弄的小人物、小事情，随意忽视这些细节，是无法实现自己的目标和要求的。人生目标，绝非一蹴而就，它是一个不断积累的过程。矢志追求者必须勇于从平凡中崛起，用严谨的态度，在淡泊中丰富智慧、孕育卓越。

由此，我们可以看出：超乎寻常的严谨是减少错误的最好方式，是成功的可靠保障。对待任何工作，只要我们始终抱着严谨的态度，一丝不苟地做，就没有什么是做不好的。

要培养一丝不苟的工作习惯，首先要端正态度，改造自我，做一个有心人。

工作态度是否端正，是一个人是否有正确的世界观、人生观、价值观，是否有强烈的事业心和责任感的反映和体现。做一个有心人，一要做到专心，就是要爱岗敬业，忠于职守，牢固树立“工作无小事”的意识，坚决杜绝马虎粗浮、无所谓、得过且过的思想，始终做到“把心放在工作上，把工作放在心上”；二要做到细心，细心是一种态度，就是要一丝不苟，追求完美，牢固树立“细节决定成败”的意识，善于思考和谋划，未雨绸缪；三是要做到精心，就是要牢固树立“精品意识”，永不满足，永不懈怠，精益求精，追求卓越；四是要做到虚心，虚心是一种修养，就是要克服“夜郎自大”思想，摆正位置，放低姿态，牢固树立“学习无止境”和“服务无止境”的意识，敢于批评和自我批评，虚心接受别人意见和建议。

加强学习，提高自我，做一个勤奋的人。这是做到严谨细致的基础。

除了有事业心责任感外，每一个员工还必须要有相应的业务水平和工作能力。要让严谨细致成为习惯，需要在“勤”字上下工夫。具体来说，就要做到“五勤”，即：“勤张嘴、勤使眼、勤用脑、勤动手、勤跑腿”。“勤张嘴”就是要勤请示，勤汇报，准确领会领导意图，摆正位置，不能自以为是；“勤使眼”就是要多观察，多学习，将眼光的触角延伸到每一个细节；“勤用脑”就是平时多思考,多想想“为什么”,多想想“怎么办”,以不断提高预见性和应变能力;“勤动手”就是要多做、多写、多记,随时做到有备无患;“勤跑腿”就是要做到立说立行,雷厉风行,不讲条件,不提困难,说干就干。

防微杜渐,约束自我,做一个克己慎行的人。这是做到严谨细致的关键。

古人云:“慎易以避难,敬细以远大”,就是在告诫我们要谨慎地对待容易的事情,慎重地处理细小的事情,这样才可以避开危难和远离祸患。做任何一项工作都必须突出一个“严”字,“要么不做,要做就做好”,还要严格工作程序。“工作无小事”,有些问题看似“微小”,但如果放松自我约束,不去认真对待,小节不保终累大德,会酿成不堪设想的后果。因此,我们一定要保持高度警惕,在慎微上下工夫,注重每件细小的事情,防微杜渐,养成一丝不苟的良好习惯。

总之,做事要一件一件地做完,不要拖拖拉拉;如果事情一次做不完,就用笔记下来提醒自己,因为好记性不如烂笔头。另外,生活中很多小事也要注意。例如人走关灯,用过的东西放回到原处等。从小事做起,习惯成自然,久而久之,就会变得做事认真,一丝不苟。

4

立足本职工作不折腾

做好本职工作是一个员工最基本的职业道德,也是对工作的一个最起码的标准,然而,在职场上仍然有许多人连这个最起码的标准也做不到。

那些连本职工作都做不好的,或喜欢在本职工作上折腾的人,都算不上是称职的员工,他们只是一颗松动的螺丝钉。不过,一颗松动的螺丝钉可能导致车辆刹车失灵，可能导致飞机失事，可能使一切成果都前功尽弃……

也许，你可能会说，我不是不喜欢这工作，而是这工作不喜欢我，是公司不信任我，是老板不重用我，是同事都排挤我。其实，只要你能够站在公司的角度，积极努力，就一定能够得到公司的信任。如果你努力拼搏了，但却没得到相应的回报，怎么办？只要心态平和，不计较个人得失，珍惜自己所拥有的一切，你一定会慢慢得到大家的认可。值得注意的是，那些自以为是和不懂得珍惜的人，往往会断送大好的工作机会。

肖玲是北京某重点大学的应届毕业生。她性格外向，喜欢与人沟通，大学期间，曾在许多家报社做过实习生。在实习阶段，她做过几个好选题，受到报社领导的一致赞誉。因此，肖玲信心百倍，希望自己毕业后能进一家大报社工作，将来成为一名优秀的编辑。

毕业后，肖玲进了一家杂志社，由于学历高，头脑灵活，她很受重视。刚一入职就参与了一个大的选题策划。于是，肖玲有些得意忘形。不久，由于言语不当，与部门的领导发生了争执。领导当面说了些过火的话，这些话使得肖玲非常难过。她感觉这家杂志社在歧视自己这个新人，部门领导忌妒自己的才华，一气之下就辞职了。

没过几天，肖玲又进了一家业内非常有名的杂志社。在这家杂志社里，肖玲连续做了几个选题，不过有的选题没有得到领导的认可，肖玲心里很不是滋味，她感觉自己在这里也受到了歧视，自己的才能还是得不到有效发挥。她想来想去，又辞职了。

肖玲在家里赋闲两个月之后，为了糊口，只好进了当地一家小报社。肖玲以为这里没有多少高端的人才，不会有人跟她竞争，她打算在这里大干一场，充分展示自己的才华。可是，上班没几天，为了稿子的事情，她又跟主编顶了起来。因为肖玲过于坚持自己的意见，她再次感觉自己的才能发挥不出来，结果，她又辞职了。就这样，肖玲的工作换了一家又一家，总是在辞职的路上奔来跑去……

许多职场中人，也像故事中的肖玲一样，总是感觉自己在公司不受重视,没有发展空间,缺少更适合自己的舞台。其实,他们根本就没有意识到,任何一个工作岗位,都蕴藏着机会,关键是看自己有没有恒心和毅力去开发它。

不管走到哪里,人们总能看到一些满身才华的失意者,当你和他们交流时,你会发现,他们从来没有珍惜过自己的工作机会,从来没有在自己的工作岗位上踏实地工作过。他们除了叹惜自己生不逢时,就是抱怨公司,抱怨社会,从来没有在自己身上寻找过原因。

不懂得珍惜自己工作的人,往往也得不到工作的珍惜,总是在失意和失业中不断地抱怨。任何一份平凡的工作都是一座丰富的矿藏。因此,不要好高骛远,要学会踏实,懂得珍惜自己所拥有的工作机会,踏踏实实地将自己当下的工作做好。

你是否曾趁经理不注意时偷偷地开小差,或者煲与工作无关的电话粥,就像当年上课时趁老师不注意偷偷地摆弄新买的铅笔刀?是否曾将本来该自己做的工作推托给其他的同事,从来都认为别人比自己干得少?是否曾在老板布置一项任务时,你不停地提出这项任务有多艰巨,暗示老板在你做成之后给你加薪,或者失败了也情有可原,因为这的确不是一项容易的工作?

工作中这样的员工为数不少,要不然有问题的企业为什么还那么多?顾客的满意率为什么还那么低?每一个老板都清楚他自己最需要什么样的员工,因为有时一个员工就代表一个公司的整体。所以,你不要以为自己只是一名普通的员工,其实你能否担当起你的责任,做好你的工作,对整个企业而言,同样有很大的意义。

具体点说,要做好本职工作就要主动承担工作责任,知难而进,以大局为重,以公司的利益为重,尽心尽责;要加强学习,提高业务能力,提高自身综合素质,在做好公司、部门工作的同时,献计献策,乐于创新,力争为公司的发展作出更大贡献;要结合公司的企业文化,规范行为,树立正确的人生观、价值观、世界观,真正做到"把职业当事业,把企业当家业"!

在我们还拥有某份工作的时候,在我们还在某个岗位的时候,要学会去珍惜它,千万不要在工作面前挑肥拣瘦,牢骚满腹。只有这样才能获得更大的进步,为自己争取更大的舞台。

在职场中拼搏的人们,请牢记:工作来之不易,千万要学会珍惜。即使你所从事的是一份非常普通、非常琐碎的工作，也要静下心来，将它做好。只要你脚踏实地付出，就一定会有所收获。

任何一个工作都是人生中不可或缺的阶梯，把握好了，你就能踩着它一步登天。

5 想当老板，先得当好员工

拿破仑曾经说过：不想当元帅的士兵不是好士兵。在职场上，每个员工都有一个当老板的梦。但是，老板不是想当就能当的，必须经过一段时间的历练，必须具备一定的条件，也就是说，要实现自己的梦想需要先从做下属开始，要想当老板就得先当好员工。

世界上没有天生的老板，再优秀的老板也是从员工中得到历练具备了领导能力后才完成从员工到老板的跨越的。因此，先要认清自己的角色，摆正自己的位置。只有锻炼出自了杰出的能力，具备了领导才能，老板才会发现你这块金子，才能给你一个发光发亮的机会。

职场中，肯定有不少人都有这种想法：唉！给别人打工多辛苦，当老板多好！的确，老板多威风啊！他们高高在上，只需在宽大豪华的办公室中签字、打电话、听人汇报就行。不论从哪方面说，老板的生活都让人非常羡慕。因此，谁都想当老板，连做梦都想。可是，没有人生下来就能当老板，谁都不是天生的管理者，都有做下属的经历。如果你只看到老板现在的无限风光，却没有看到他们当员工时的辛苦打拼，你当然会感到不平衡。

俗话说：“吃得苦中苦，方为人上人。”要当老板需要先辛苦付出，不论是精力还是体力。你有这种吃得苦中苦的准备吗？你具备这种能吃苦的拼命三郎的精神吗?

如果你感觉当个老板并不难,你也可以当,那就想得太简单了。我们不妨先看一下下面这个案例。

吴明学的专业是经济管理,当然他的目标也是做老板。于是,经过几年的社会锻炼后,他在县城开了一个小餐厅。这个小餐厅临街,开始时生意很不错。

于是他觉得,自己管理一个小餐厅简直是大材小用。心想,这算什么企业管理,闭着眼都能管理好。但是,让吴明没想到的是,小餐厅"麻雀虽小"也是"五脏俱全"。从资金准备到装修、经营管理等都需要他亲力亲为。尤其令他没想到的是,生意红火了,客人增多了,麻烦的事情也接踵而来。对外,工商、税务、卫生、检疫、安全等部门三天两头上来检查需要应酬;对内,需要管理采购大厨,降低成本。至于营业推广之类更需要他筹划。如果说这些他还可以勉强应付,那么,那些喝醉酒拍桌子骂娘的客户就让他叫苦不迭了。

吴明最看不惯的就是把餐厅当成聚义厅,动不动就挽袖子捋胳膊不一醉方休不够义气的人。可是,饭店顾客本来就鱼龙混杂,看不惯怎么做生意啊!于是,每当有这样的客人就餐,吴明就直皱眉头。结果,这种厌恶和担心被客人看到了,他们一传十十传百,生意随之急转直下。对此,吴明没有回天之力,在经过半年门庭冷落之后不得不关了门。

这个时候,吴明才明白,老板并不是谁都可以干好的。

由此可见,当老板不仅要能吃苦,而且还要能处理好各方面的关系。你如果没得到过历练,你就不可能做好老板。

在做员工的同时历练做老板的能力很重要。很多成功的老板起点都是员工,他们之所以能变成老板,是因为他们在为人打工时不断地丰富自身,最终才成就了卓越。很难想象,一个人如果连打工都打不好,连一项工作都处理不好,怎么能应对创业时需要处理的各种纷繁复杂的事务。

在创办新东方学校以前,身为北大教师的俞敏洪就为其他培训机构打过工,正因为他有过踏踏实实地做个好员工的经历才使他最终具备了当老板的能力。

可能有人会说，那些生于富豪显贵之家、不用打工的人，生来不就是当老板的吗？事实上并不是这样。哪怕是在家族企业中，他们也要先当员工，从基层开始，经过一番历练后，具备了管理能力，才能被安排到领导岗位。在这方面，李嘉诚就很注意培养儿子。

> 童年，本来是嬉戏玩乐的年龄，可是，李家兄弟却要早早就开始接触老板的生活，看看老板们是怎样辛苦工作的。
>
> 在李泽钜、李泽楷八九岁时，即被安排参加公司董事会议，在严肃的会议室内乖乖地正襟危坐。李嘉诚这样做的目的是要叫儿子们知道，做生意不是简单的事情，做一个大公司的领导更是不易，要花很多心血，开很多会议，研究许多问题，甚至把自己休闲的时间都要用上……
>
> 李嘉诚不但让儿子们提前了解领导的生活，而且还从各方面锻炼他们做员工的能力。在李泽楷大学毕业后，李嘉诚没有安排他到自己加拿大的公司上班，打理家族生意，而是让他进入一家投资银行从事电脑工作，做一名靠工薪度日的打工族。后来，当李泽楷在父亲的指令下回港后，本以为可以在父亲的公司里大小当个领导，但是，李嘉诚只安排他到和记黄埔做普通职员，而且薪水连清洁工都不如。
>
> 最初的日子，李泽楷对父亲抱怨薪水太低，还不及加拿大的1/10，甚至都抵不上清洁工。但是，李嘉诚说：“你是先锻炼的，需要从基层开始。”
>
> 李嘉诚是想让儿子从普通员工做起，从中逐步得到锻炼，将来凭自己的能力逐步走上领导的职位。同时也让儿子明白，当老板并非都是好处占尽，功劳占尽，而是需要吃苦在前，吃亏在前。
>
> 正是因为李嘉诚的言传身教、精心培养和严格要求，现在，他的儿子们都能当一个好老板了，他的集团公司在儿子们的领导下披荆斩棘，在商海中奋勇搏击，一路领先。

总之，职场中要想当老板就要先做好员工、做好下属。因为只有在做员工的过程中，才会在底层和基层得到锻炼；只有在当下属中才能明确怎样和老板沟通，配合老板，把老板的意图和命令明白无误地贯彻到底。在配合老板中，你也能了解做老板的辛苦，懂得做老板需要具备什么样的素质和能力。有了这些，今后你再当起老板来才会得心应手。

6

你怠慢工作，工作就怠慢你

孔子说："不在其位，不谋其政"。其实这句话里有个潜台词，那就是"在其位，要谋其政"。作为一名职场人，首先就要立足岗位，将自己的分内之事做好，不要怠慢工作，机会只会眷顾那些时刻做好准备的人们。工作岗位没有贵贱之分，只有分工不同，即使身在平凡的岗位，只要我们充满激情，也可以干出伟大的事业。

世上的真理往往都很朴素就好像太阳每天从东边升起，西边落下一样。"对工作不怠慢"就是我们每一个在职员工的职场真理，它给我们传递的是一种心态，一种朴素但不肤浅的职场心态，它教我们如何在这个纷繁的世界里获得人生的坐标，摆正我们的心态。

什么叫不怠慢工作？就是不轻视、不怠慢自己的工作岗位，做小事如做大事，视细节如全局。多一份认真和严格，就少一份疏漏和失误。

你如果怠慢工作，工作就会怠慢你。

那么，怎样才能不怠慢工作呢？

首先，要认真对待工作，不能敷衍了事。

职场工作容不得半点敷衍。作为一名员工，自己应该做的事情一定要保质保量完成、对工作认真负责。不要以为自己不做自会有人来做，也不要以为自己不负责不会被人发现，不会对企业有什么影响，要知道你敷衍工作就是在敷衍你自己的人生。当你在信守责任的同时，也是在信守一个人的人格和道德。

人和机器的区别，就在于人有灵魂，有对他人和社会的责任与关爱，能通过工作找到人生的价值和意义。催一下、动一下，挨一下鞭子推一下磨，这岂不是对自己的人生不负责？

已故的佛里德利·威尔森，曾经是纽约中央铁路公司的总裁。有一次，他被问到如何才能使事业成功？他说：“一个人，不论在哪儿工作，做什么工作，都会认为自己的工作是一项神圣的使命。不论工作条件有多么困难，或需要多么艰难的训练，始终要用积极负责的态度去进行。只要抱着这种态度，任何人都会成功，也一定能达到目的，实现目标。”

总是敷衍了事，不精益求精，在工作过程中懒散、消极、抱怨、怀疑，总是以种种借口来遮掩自己的失误，这些都是对自己人生极不负责任的表现。

张涛曾经服务于一家大型建筑公司，他的主管不但是该家族企业的总经理，还是第一位被提拔的非家族成员。这位主管所承受的压力自然可想而知，所以，他对下属非常严格，甚至有点鸡蛋里挑骨头。不过，张涛觉得自己，还是有能力驾轻就熟，应付他的各种命令的。

一次，主管要求张涛为董事会准备一份资料，张涛迅速整理了从各部门呈上来的报表，工作很快就完成了。但是当张涛把资料交上去之后，总经理只说了一句话：“不用心。”张涛很不服气，他告诉总经理，为了这份材料，他已经很久没有按时吃晚饭了。总经理叹了一口气说：“你自己对这堆资料满意吗？不满意，你就是在敷衍工作。记住：敷衍工作就是在敷衍自己。”

张涛的问题，不是不聪明，没有能力，而是不愿将问题看透，这样就导致他习惯性地糊弄事。他虽然牺牲了吃晚饭的时间，但是并没有用心去做。如果总经理拿着他给提供的资料上会议桌，肯定会受到董事们的批判。

在任何一个公司，老板最看不上的就是那些对工作敷衍了事的人，而最赏识的则是那些认真负责的员工。那些抱着敷衍了事的态度工作的人，是不愿积极地面对生活、面对工作现状的人，他们对工作不负责任，其实也是对自己的人生极端不负责任。

其次，要热爱自己的工作，主动工作。

主动工作是一种积极的做事心态。无论老板在与不在，都能主动做事，从不偷懒，不管公司碰到什么困难，都能迎难而上，绝不临阵脱逃。而被动工作则是一种消极的心态，被动工作的人认为自己是在为别人工作，不仅不会去主动工作，而且工作起来毫无乐趣。

富兰克林曾说："你要追求工作，别让工作追求你。"所以，能否积极主动地对待工作，是一名员工从平凡到优秀的关键。在任何一项工作中，"积极主动"最能体现出优秀与普通的差距。如果在工作中，你不能表现出自己的主动性，那么就意味着你与别人没什么区别。如果你想证明你的实力，那么你凡事都要积极主动，该做的事立刻着手去做，绝不拖拉，尽职尽责地去完成每项工作。唯有如此，才能使你脱颖而出。

拿破仑也说过："自觉自愿是一种极为难得的美德，它能驱使一个人在不被吩咐应该去做什么事之前，就能主动地去做应该做的事。"主动工作的最大意义在于，你在做那份工作时不再像以前那样被动，你会更加用心地把它当做自己的事情，做起来很有激情，并能从中获取快乐、成就与满足感！

一个和尚在寺庙里待了几年了，可还是做扫地、端茶的工作，有一天他越想越气，就去找方丈说理。

"我在这儿辛辛苦苦干了几年了，为什么还是让我扫地、端茶？太没道理了！"

方丈捋了捋胡子，慢条斯理地说："你没发现，你扫地从来不知道把垃圾处理掉，端茶时也不知道把桌子上的灰尘抹掉吗？"

这个和尚工作的失败在于，他没有主动精神，不知道主动做那些没有人交代他做的事情。有主动精神的员工，有独立思考能力勇于负责。这些员工有别于那些像机器一样的员工，他们不只是按别人的吩咐机械地完成工作，往往还能发挥创意，出色地完成任务。

成功的机会不会白白降临到你的身上，只有那些主动做事、主动工作的人才能获得更多的机会。但遗憾的是，意识到这一点的人并不多，大多数人早已养成了拖延、懒惰的习惯。

主动工作和被动工作就像一把双刃剑，既可以给你带来无限荣耀，也可以让你变得一无所有。主动工作让你成为剑的主人，被动工作让你成为剑的奴隶。工作反正是要做的，我们何不主动工作，把它当成自己的事情做，这样工作起来才会快乐，才不会怠慢。

怠慢害人误己，是一种极为有害的工作心态。对工作心浮气躁，好高骛远，身在曹营心在汉，是工作减效和自身烦恼的根源。怠慢是人前进路上的绊脚石，越怠慢就会越没有精神，越怠慢就会越没有信心，越怠慢就会越难有所成。

成功，请从拒绝怠慢开始。

7 不在工作中玩花招

职场上提倡智慧工作，但不欢迎爱玩小花招的员工。所谓花招，就是用欺骗他人的心计或手段来为自己谋利，其实这些爱玩小花招的员工，最终都是害人终害己。

(1)泄露机密，丧失职业操守

一个为了自身利益而出卖公司机密的员工，是一个不忠的人，即使能力出众、才华横溢也无法得到公司的信任，更别说会受到重用了。

公司需要的是对自己忠心不二的员工。在利益面前玩小花招，想以此蒙骗公司，这种员工到什么地方都不会受欢迎的。因为他们给人的感觉是不可靠、不可信的。

作为公司的一员，就不要忘记自己的角色，要始终把公司的利益放在第一位，要为公司争取利益，而不是损害公司的利益来满足个人的利益。公司发展了，你也会跟着发展；公司成功了，你也会跟着成功。当你在个人利益与公司利益之间权衡时，切记要先服从和满足公司的大利益。虽然个人利益有些暂时的损失，但当公司获利后，公司和老板肯定不会忘记你当时做出的牺牲，那时，你的损失就会得到补偿，还能赢得老板和同事对自己的尊重和敬佩。

(2)嫉贤妒能，漠视公平竞争

无论你是什么人，都难免会有一些忌妒心。忌妒心会让你从心理上对他人产生一种排斥，而这种排斥会激发你成为一个竞争者，当然，你可能会成为一个良性的竞争者，也可能成为一个恶性的竞争者。

如果你能将忌妒化为一种良性的竞争力，那么你就会因为忌妒他人的才能而努力学习，奋起直追，直到赶上或超过对方为止。你的这种竞争心理，会给你带来巨大的成就，使你最终成为一个被别人忌妒的人。相反，如果你在忌妒他人的时候，不是鞭策自己奋起直追，而是因为他人的成就而心怀不满，想方设法去破坏对方，用小花招损害对方，你就会成为一个遭人厌恶的人。

在你的内心里，一直都隐藏着一个阴暗的念头，这个念头也是一直主宰你产生忌贤妒能心理的罪魁祸首。

在职场上，如果你怀有这样丑恶的念头，那么你的职场将因此而变得危险了，因为你会因此而变得心术不正，你会极具破坏欲。如果你不想变成这样，最好的做法就是改变自己的心态。要知道别人的成就是靠他们努力得来的，而你也只有付出努力才能赶上他们，获得比他们更大的成就。你可以将他人的成就当成自己的一个目标，一个让自己努力去超越的目标，然后向着这个目标奋力前进。

忌妒是一种难以公开的阴暗心理。在职场上，忌妒心理常发生在与自己旗鼓相当，能够形成竞争的同事身上。这时候，最需要的是调整自己的心态。每个人都有自己的优点和缺点，完全没有必要因为别人在某一方面超过自己而妒火中烧。如果因一时的心理失衡而永远失去晋升的机会，那可真是太亏了。

(3)说长道短，挑拨同事关系

职场上，总有一些人嘴巴闲不住，到处乱讲话。他们一有空就会凑在一起，兴奋地谈论某部门的坏话或议论某位同事的私生活。说白了这也是一种小花招，目的还是损人。要知道，公司是一个整体，只有员工之间相互配合，才能有所发展。如果这种说长道短的坏风气在公司弥漫开来，就会出现不团结的裂痕，公司的工作也一定会受到影响。

作为公司的一员，你应该把注意力集中在工作上，这样做对公司、对同事、对你都是有益无害的。

为什么有些人喜欢乱嚼舌头呢？主要是由于狭隘和无聊。

所谓“狭隘”，就是胸襟狭窄、目光短浅，这些人总觉得自己是最吃亏的，便宜都让别人给占了。所以，一提到别人就心怀不满，不是说人家太舒服，就是说人家奖金拿多了。

所谓“无聊”，就是精神空虚，情趣低级。这些人没有有意义的东西来充实生活，就靠搜集和传播“小道消息”来打发业余时间。所以，一提到别人就不知从哪儿冒出那么多的“轶事”“艳闻”。这些人一旦开始乱说，是很难叫他们闭上嘴的。不过问题往往出在会去听信他们的人身上，听信等于是在鼓励他们继续这样的行为。

光是传播小道消息就已经够糟了，还有更恶劣的：擅长嚼舌头的人知道如何添枝加叶，把事情说得比实际更严重。巴掌大的事说得比天还大，同时把自己描绘成无辜的受害者，认为传达如此重要的信息给愿意听的人是正确的做法。

绝大多数人都渴望与别人真诚相处，希望工作、生活在一个互相理解、相处融洽的团体中，说一些无关工作，有害于公司团结的闲话，既伤害别人，又伤害自己。

不管动机如何，管不住自己的舌头，在背后说人闲话都是一种极不好的行为，既影响公司内部的团结又会引发人际关系危机。人与人之间的交往应该是光明正大、坦诚相见的，即使有意见，也该用正当的渠道传达，而不应该在背后嘀嘀咕咕。

第二章

目标明确，避免“瞎折腾”

任何工作都会有一个预想目标，总会有一个期望的结果。明确的目标就是一盏指路灯，指引我们朝着正确的方向前进。成功的职场之路，是由一个个目标铺成的。没有目标，哪儿来的劲头？有了前进的目标，一个人才会最大可能地发挥自己的潜力，主宰自己的命运。工作“不折腾”，首先体现在要明确目标上，只有选择正确的方向，运用科学的方法，坚定不移地走下去，才能避免“瞎折腾”。

1

明确的目标是成功的导航灯

在职场，当你有了一个明确的执行目标，并且决心实现它时，你的精力就会源源而来，不但会消除你的无聊和厌倦，甚至还可以创造奇迹。可以说，明确的目标是成功的导航灯。

工作了一天，有的人不停地喊自己累，而绝大多数成功者一天工作的时间远远超过普通员工。为什么成功者永远不会抱怨工作太多？因为他们永远望着那个特定的目标，这给他们增加了许多活力。

当你追求自己的需求目标时，很容易产生达到目标所需的能力与热忱，并且引导你的潜意识对工作的目标产生自动调整的能力。

有一位父亲带着三个孩子到海边去捕鱼，他们到了海边后，父亲问老大："你看到了什么？"

老大回答："我看到了渔网、鱼、还有一望无边的大海。"

父亲摇摇头说："不对。"

父亲以相同的问题问老二，老二回答说："我看到了爸爸、大哥、弟弟、渔网、鱼、还有大海。"

父亲又摇摇头说："也不对"

父亲又以相同的问题问老三。老三回答："我只看到了鱼，不过他们暂时还在大海里游泳，我的目标就是捕到它们。"

父亲高兴地说："答对了。"

可见，任何一个人，要获得一定的成就，就一定要发现或搞清楚你的工作目标是什么。工作目标是你人生的主要目标，是一个人终生追求的方向，你生活中的事情都围绕着它存在。有了目标，也就有了方向，朝着这个方向努力，成功就指日可待。

成功的职场人，可能会有这样的体会，即明确固定的目标所产生的最令人惊讶的作用，就是维持正确的方向，不会走入岔路。

其实，在现实生活中，尤其是职场上，能够明确自己人生或做事目标的人不多。

> 哈佛大学有一个非常著名的关于目标对人生的影响的跟踪调查。这个调查美国耶鲁大学做过，卡耐基也做过，得出的结论惊人地相似。这个调查的对象是一群智力、学历、环境等条件都差不多的年轻人，调查结果发现：
>
> 3%的人，有十分清晰的长期目标；
>
> 10%的人，有比较清晰的短期目标；
>
> 60%的人，目标模糊；
>
> 27%的人，完全没有目标；
>
> 25 年的跟踪调查发现，他们 25 年后的生活状况十分有意思。
>
> 那 3%有长期清晰目标的人，25 年来几乎都不曾更改过自己的人生目标，他们始终朝着同一个方向不懈地努力。25 年后，他们几乎都成了社会各界的顶尖成功人士，大都生活在社会的最上层。
>
> 那 10%有比较清晰的短期目标的人，他们的共同特点是，那些短期目标不断地被达成，生活质量稳步上升。他们都成为各行各业不可缺少的专业人士，如医生、律师、工程师、高级主管等等。他们大都生活在社会的中上层。
>
> 那 60%目标模糊的人，他们大都能安稳地生活与工作，但都没有什么特别的成绩。他们大都生活在社会的中下层。
>
> 剩下的 27%完全没有目标的人，他们的特点是：从来不曾为一个目标而努力奋斗过，他们的生活都过得很不如意，常常失业，靠社会救济过活，并且常常在抱怨他人，抱怨社会。他们几乎都生活在社会的最下层。

从这个案例中完全可以看出，目标是成功的基础。美国一位潜能大师有一句名言："成功等于目标，其他的一切都是这句话的注解。"有人甚至把成功的定义说是达到预期的目标。这说明目标对于成功有不可估量的价值。有了目标，我们做事做人就有了热情，有了使命感；有了目标，我们就会知道自己该做什么，不该做什么。

没有目标，就如船在大海中航行而没有航标或方向，是无法到达彼岸的。那些没有目标的人，总是感受不到生活的任何乐趣。成功者总是在不断完善自己目标的过程中，将事业越做越好。

不管我们做什么样的工作，都必须瞄准目标前进。目标要专一，不能三心二意，这不但耗费精力，而且不利于目标的实现，到最后很可能一败涂地。人的精力是有限的，应该把注意力从纷繁复杂的事情中解脱出来，集中在最重要的事情上，这样才能尽快出色地完成任务。每一个员工都应该清楚地告诉自己，你将全力以赴投入到最重要的工作中，排除一切干扰，在工作完成之前绝不三心二意，就像打靶一样，迅速瞄准目标，将精力集中于一点。

因此，明确的目标是人生的导航灯，职场上的成功者，大多都是目标明确的人。

2 心中装有大目标

萧伯纳先生视写作为自己一生最重要的事情，于是他在还是一名银行出纳员时，就保持每天写 5 页文字的习惯。在坚持写作的 9 年当中总共才赚了 30 元稿费，平均每天一分钱，可以说是度过了 9 年令人心碎的日子。但由于他一直把写作当成最重要的事情去做，终于成了世界著名的作家。

有的人一生碌碌无为，平庸繁琐；有的人却让生命大放光彩，成就卓越。为什么会有这样的天壤之别？原因便是看心中是否有目标，是否有希望在闪烁，是否渴望进入天堂，是否可以为未来而竭力拼搏。要使自己的一生有更高的含金量，回头看过去，留下的是深深的脚印而不是肤浅的过眼烟云，心中就必须装有一个大目标。

有一部电视剧叫《大青椒红苹果》，是以真人真事编写的。主人公泉子的生活原型，是北京大钟寺农贸批发市场的总经理何德泉。何德泉本来是个地道的农民，年轻力壮，曾经像很多菜农一样，天天蹬着平板三轮车进城卖菜。

后来，他在改革开放中长了见识，增了胆量。看到北京市民吃菜难，他带着伙伴们在大钟寺建起了农贸市场，满足北京市民吃菜的需求。他一心扑在工作上，为建每一个设施，打开每一条销售渠道，增设每一个服务项目，操心、跑腿、磨嘴，连家也顾不上。他做买卖讲求公平，不做坑人骗人的事，所以赢得了客户信任，生意越做越大，现在市场每天客流十几万人，成交额几亿元，许多外国商人也闻讯而来。

何德泉从一个农民成了"大老板"，手里把握着北京人的日常生活。他的心气更高，说："我要追求的，是更大的目标。一个十多亿人口的大国首都，难道不应该有个领头的、能反映国家经济规模、现代化的农副产品集散地和大市场吗？我的目标，就是干这个，值得我干一辈子。至于个人的进退得失，无足轻重，很无所谓……"

何德泉一步一个脚印，朝着心中的大目标迈进，等待他的必将是成功的喜悦与辉煌。有什么目标就有什么样的人生，可以说，一个人无论有多大的年纪，他真正的人生都是从设定目标开始的，在这之前只不过是在绕圈子而已。

生命的存在是离不开阳光、水分和空气的。同理，成功的产生也是与目标分不开的。对于事业上的成功，过去和现在是什么样的情况都不重要，因为成功要的是将来，那样的追求才是最重要的、最有价值的。

这就是说，要想取得成功，就必须要有大的目标。所谓大目标，就是指要做意义和价值比较大的事，同时考虑更多的人和更多的事，它要求人最大范围地解决问题,并在最大的空间和时间里产生最大影响。

在现实生活中,人生不会如希望的那样一帆风顺,唯有不断的积极进取才不会让自己后悔。看不到未来并不可怕,只要你心中有目标未来一定金光闪闪地呈现在你眼前。

缺乏明确的目标,就是缺乏对人生的一种规划,这也许正是你很少得到提拔与不能赚到更多钱的原因。美国作家盖尔·希伊出版了一部叫做《开拓者们》的畅销书,他在撰写此书的时候,通过一份内容非常广泛的"人生历程调查问卷",间接地访问了6万多个各行各业的人士,他发现那些最成功和对自己生活最满意的人至少有两个共同的特点:

第一,他们喜欢有更多的亲密朋友;

第二,他们都致力于实现一个自身的实际能力很难达到的目标。

依据盖尔·希伊的研究,这些开拓者们感觉到他们的生活非常有意义,同时还比那些没有长远目标的人更会享受生活。正如照应了西方的一句谚语,"如果你不知道你要到哪儿去,那通常你哪儿也去不了"。

心中有路,脚下才踏实。向着大目标勇往直前,相信我们都能幸福。

3 认准大目标坚持不懈

《塔木德》中有这样一句话:"箭法再差,多射几箭也可能碰在靶子上。"这句看似平常的话,却给了我们很大的启发:有了明确的目标并非就一定能成功,要想成功还必须为了达到目标而坚持不懈地付出努力。

"骐骥一跃,不能十步;驽马十驾,功在不舍"。同样,职场成功的秘诀不在于一蹴而就,而在于你是否能够持之以恒。

现实生活中,很多人通常不太去留意那些能促成事业成功的因素,他们常常把做事情和干事业看得过分简单，不肯集中自己的全部心思持之以恒地去做。殊不知，我们在一项事业上的经验好比是一个雪球，随着人生轨迹的推移，这个雪球将越滚越大。所以，任何人都应该把全部精力集中在某一项事业上，随着不断努力，获得经验也就越多，做起事来也就越顺手、越容易。

1987年，她14岁，在湖南益阳的一个小镇卖茶，1毛钱一杯。因为她的茶杯比别人大一号，所以卖得最快，那时，她总是快乐地忙碌着。

1990年，她17岁，她把卖茶的摊点搬到了益阳市，并且改卖当地特有的“擂茶”。擂茶的制作虽然比较麻烦，但也卖得起价钱。那时，她的小生意总是忙忙碌碌。

1993年，她20岁，仍在卖茶，不过卖的地点又变了，在省城长沙，摊点也变成了小店面。客人进门后，必能品尝到热乎乎的香茶，在尽情享用后，他们或多或少会掏钱再拎上一两袋茶叶。

1997年，她24岁，长达十年的光阴，她始终在茶叶与茶水间摸爬滚打。这时，她已经拥有37家茶庄，遍布于长沙、西安、深圳、上海等地。福建安溪、浙江杭州的茶商们一提起她的名字，莫不竖起大拇指。

2003年，她30岁，她的最大梦想实现了。“在本来习惯于喝咖啡的国度里，也有洋溢着茶叶清香的茶庄出现，那就是我开的……”说这句话时她已经把茶庄开到了香港和新加坡。

这位卖茶的商人叫孟乔波，从她的故事中可以发现：成功没有秘诀，贵在坚持不懈。所有伟大的事业，都成于坚持不懈，毁于半途而废。其实，世间最容易的事是坚持，最难的，也是坚持。说它容易，是因为只要愿意，人人都能做到；说它难，是因为能真正坚持下来的，终究只是少数。

巴斯德有句名言：“告诉你使我达到目标的奥秘吧，我唯一的力量就是我的坚持精神。”

一个一旦下定决心就不再动摇的人，无形之中能让人觉得很可靠，觉得他做起事来一定勇于负责，一定有成功的希望。因此，我们做任何事，事先都应定一个尽善的目标，一旦目标确定之后，就千万不能再犹豫，应该遵照已经定好的计划，按部就班地去做，坚持不懈地去做，不达目的绝不罢休。

王永庆的经历颇为传奇,他的成功让更多的人看到"白手起家"的可能,坚定了无数人开创自己事业的决心。

穷困的生活,让年幼的王永庆对经商颇感兴趣,他立志做一名成功的商人。

1931年,15岁的王永庆离开家乡,独自去嘉义,开始了他人生的新旅程。那时,嘉义是中国台湾的商业重镇,更是米谷的集散地。王永庆在亲戚的介绍下,很快就在一家米店找到一份勉强可以填饱肚子的工作,但这不是他的人生目标。尽管如此,王永庆对这份每个月仅赚40元的工作还是倍加珍惜,每天都早出晚归,尽心尽力工作,深受老板的喜爱。

颇有生意头脑的王永庆没有安于温饱现状。他一边暗中观察老板经营米店的诀窍,一边省吃俭用筹措资金。一年之后,王永庆用借来的两百元当本钱,在嘉义开了一家小米店,成了小老板,这是他人生最重要的转折点。

就这样王永庆一步步实现自己的人生目标,几年之后又开始经营木材,变成当地小有名气的木材商人。20世纪50年代初,台湾"工业局"推出了很多工业发展的投资项目,王永庆大胆地接了一个当时无人看好的项目——生产聚氯乙烯,成立台湾塑料工业股份有限企业,后来又把发展的触角伸向海外。如今,"台塑"已是全台湾最大的民营企业集团之一,资产总额高达新台币14832亿元,成了名副其实的庞大"帝国"。

从小学徒到商界巨子,王永庆造就了商界的经典传奇。王永庆之所以能够成功,是因为他自树立了远大的理想和目标后,便沿着当初的理想和目标而坚持不懈地努力奋斗,最终成为中国台湾的"经营之神"。

一旦认准大目标,我们就应该坚持不懈地干下去,也许在奋斗的过程中我们会遇到这样那样的困难,但坚持是我们的制胜法宝。

4

方向不明只能是“瞎折腾”

有所成就的人最明显的特征就是，在做事之前就清楚地知道自己要达到一个什么样的目的，清楚为了达到这样的目的，哪些事是必须要做的，哪些事是看起来必不可少，其实是无足轻重的。他们总是在一开始时就确立了最终目标，因而总是能事半功倍，能卓越而高效。反之，则往往是“瞎忙碌”“瞎折腾”。

所以说，每个人都要提高自己做事的目的性，要养成善于规划的好习惯，避免眉毛胡子一把抓。然而，令人感到遗憾的是，在我们的周围，常常能发现一些行动盲目、毫无计划的人，整天忙忙碌碌，晕头转向，结果却是“瞎折腾”——可能做了大量无意义的事情但却没有价值，从而失去了许多能忙出业绩的机会。

某公司刚刚搬了新的办公地点，老王要在办公室里挂一幅字画，便叫同事帮忙。同事来看了看说：“直接在墙上钉钉子不好，先固定两个木块，把字画挂在上面。”老王听从了同事的建议，就去找锯子锯木块。刚锯了两三下，同事说：“不行，锯子太钝，得磨一下。”于是他丢下锯子去找锉刀。锉刀拿来后他又发现锉刀的柄坏了。为了给锉刀换一个木头手柄，他拿起斧头去树林里找小树。就在要砍树时，他发现那把长满铁锈的斧头不好用，必须磨一下。当他将磨刀石找来后又发现，要磨快那把斧头，必须用木条把磨刀石固定起来。为此，他又出去找木匠，想从他那里找一些木条。

老王要挂一幅画，但由于盲目行动，毫无计划，时间都花在做无用功上：找锯子、找锉刀、找斧头等，忙忙碌碌，最后，发现都是在“瞎折腾”，与结果背道而驰。许多效率低下，努力工作却业绩平平的人最容易犯的错误就是盲目行动,毫无计划地把大量的时间和精力浪费在了一些无用的事情上。

卡耐基认为,计划并不是对个人的一种束缚与管制,必须做什么或不应该做什么并不是由计划决定的,而是由我们所必须面临的不断变化的外部环境决定的。“凡事预则立,不预则废”,要高效做事,不做盲目之事,就要养成事前制订计划的好习惯,避免“瞎折腾”。因为,努力不等于成功,不等于效率,时间的堆积无法创造利润,只有有计划地忙,忙到点子上了,这样才能忙出效率、忙出业绩。

前几年曾看到一篇报道,大概意思是,夫妻俩初入股市,不懂股市操作规定,误把权证当股票买入。没想到这只权证到了第二天就是行权日,夫妻俩以为是股票正常停盘,结果错过了机会。一生三十万的积蓄一夜之间变成了一堆废纸。

看到这篇报道后,我们为夫妻俩惋惜,也为他们的无知而无奈。这件事情使我们明白一个道理:无论是做什么事情,都不要盲目地去做,方向不明只能是“瞎折腾”。自己要做的事情考虑周全,把自己不懂的地方,要细致地请教懂这件事的人,问明学会以后再做决定,以免给自己带来不必要的损失。

常言道,兵马未动,粮草先行,也是这个道理。不打无准备之仗,不做无把握之事,不做盲目之事。

> 撒哈拉沙漠中有一个小村庄叫比塞尔。它在一块1.5平方公里的绿洲旁,从这儿走出沙漠一般需要三昼夜的时间。可是在英国皇家学院的院士肯·莱文1926年发现它之前,这儿的人没有一个走出过大沙漠。据说他们不是不愿意离开这块贫瘠的地方,而是尝试过很多次都没有走出去。
>
> 肯·莱文用手语同当地人交谈,结果每个人的回答都是一样的:从这儿无论向哪个方向走,最后都还要转回到这个地方来。为了证实这种说法的真伪,莱文做了一次试验,从比塞尔村向北走,结果三天半就走了出来。
>
> 比塞尔人为什么走不出去呢?肯·莱文感到非常纳闷,最后决定雇一个比塞尔人,让他带路,看看到底是怎么回事。他们准备了能用半个月的水,牵上两匹骆驼,肯·莱文收起指南针等

设备，只拄一根木棍跟在后面。

10 天过去了，他们走了大约 800 英里的路程。第 11 天的早晨，他们果然又回到了比塞尔。这一次，肯·莱文终于明白了，比塞尔人之所以走不出大沙漠，是因为他们根本就不认识北极星。在一望无际的沙漠里，一个人如果凭着感觉往前走，就会走出许许多多大小不一的圆圈，最后的足迹十有八九是一把卷尺的形状。比塞尔村处在浩瀚的沙漠中间，方圆上千公里，若没有指南针，想走出沙漠确实是不可能的。

肯·莱文在离开比塞尔时，带了一个叫阿古特尔的青年。他告诉这个青年：“只要你白天休息，夜晚朝着北面那颗最亮的星星走，就能走出沙漠。”阿古特尔照着去做，三天之后果然来到了大漠的边缘。

通过上面的例子，我们应该明白，也许我们曾不满于自己的平庸，也许我们曾抱怨过生活的无聊，然而，当我们能够朝着最亮的星星一直前进时，我们的生活也就翻开了崭新的一页。同时，当你找到了那颗最亮的星星时，就应该一心一意、全力以赴朝着那个方向前进，不应再折腾，不要因周围环境或他人的影响而分神。

人生无直径，生命也有限，只有少走弯路，努力奋斗，才会接近目标，获得成功。定好方向，相信自己，努力前进，一定能将目标逐个实现！

可见，我们在人生的旅途中，一定要正确地认识自己，选准自己努力奋斗的方向，方向明确了，即使前进的脚步较缓，那也已经走在通往去翡翠城的路上了；否则，如果方向不明，走得越快离成功的彼岸越远。

所以，有位哲人讲：一个人最重要的不是他所取得的成绩，他所在的位置，而是他所朝的方向。

5 站得高才能看得远

日本的经营之神松下幸之助先生曾经说过:“想知道一个人会有什么成就,可以看他晚上在做什么。能够善用七点到十点钟的人,他的成就将比一般人高出两倍。”表面看这句话不太明了,其实他是想告诉你,人应该站得高一点,眼光长远一点,多为未来打算一点。

中国古代有不少文人士大夫喜登高作赋,如杜甫的“会当凌绝顶,一览众山小”等。登高而观,眼界开阔,方能遍览山河美景,激发胸中豪迈之情。孔子登东山而小鲁,登泰山而小天下。开阔的眼界能让人对事物有更全面的理解,孕育更博大的胸怀。如果一个人拥有了开阔的眼界,才不会死抱一隅之见,方能从全局出发,看得更远。

李嘉诚曾说:“眼睛紧盯在自己小口袋上的是小商人,眼光放在世界大商场的人是大商人。同样是商人,眼光不同,境界不同,结果也不同。”这句话说明了一个道理:站得高者必看得远,看得远者其成就必大。

曾有一个来源于日本的真实的故事:

某一个夏日的午后,一位想投稿的小青年胆怯地站在某主编办公室门口,几次想推门进去,又不敢敲门,后来被主编发现,才被热情地迎进办公室。

主编在看到投稿人画作的一刹那,眼睛忽然亮了一下——这个年轻人的才华和想象力之高超过了主编的预想。很快,主编非常客气地和年轻人就合作的事情达成了共识。在主编的大力支持下,他的作品很快就在漫画杂志上顺利发表了,大气磅礴的画风很快被认可,一系列画作发表之后,他在画作领域也算是崭露头角了。

他本来以为这样一直努力下去就会成功,可是日本漫画界

竞争的激烈程度远远超过了他的想象。在这个人才辈出的领域里，像他一样有才气肯努力的作者有很多，在这么残酷的竞争环境里，能靠画漫画养活自己就不错了，更别提成功了。于是，为了让自己不至于饿肚子，他不停地改变自己的风格，什么风格最流行，什么作品最容易赚钱，他就画什么。这样一来，他的温饱倒是解决了，可是在漫画界奋斗了很久之后，离成功似乎还是那么遥远。而且，跟随流行画风进行创作的人有很多，他随时都有可能被别人替代，所以只能像机器一样忙个不停。这样的日子一长，他感到了前所未有的疲惫。

后来主编打电话来安慰他，并叮嘱：你千万别丢失了自己！主编的话，让他猛然醒悟，这几年来，自己的目光愈来愈短浅，经常患得患失，忧虑重重，主要是视野和心胸被局限在狭小的区域里了。他这才明白：人生要有大成就，就必须站高一点，站得高才能看得远。

不知道大家对这个故事有什么感想？

我们不能只图眼前小利，为什么我们不能像岸本齐史一样，把时间投资在自己的未来上？社会竞争激烈，人才越来越多，我们为什么要把未来交给别人？

人的智商差距都不会太大，为什么有的人显得聪明呢？因为他们见多识广，接触的东西较为先进。比如在偏僻山区长大的孩子，无论他智商有多高，如果不出去见世面，又怎么聪明得起来呢？人的才智是靠见识、学习，在行动中积累出来的。

小杜在某中学教书时，学校解决教师饮水问题是每个办公室都安装一台饮水机，大家喝水既干净又方便，冷热水随意。后来小杜调到另一所学校，发现他们还在雇人烧好后提着水壶逐个办公室送。于是小杜建议学校每个办公室装台饮水机，这样可以减少人工，多花不了多少钱，而老师却方便多了，结果学校采纳了小杜的建议。教师们都说小杜聪明，会算账，其实小杜哪里是聪明，只是比他们见识多一点罢了。

人的认知都是受环境局限的，人很难超越所处的环境，所以多见世面，走出去看世界才容易事半功倍地增长才智。

辜振甫年轻时为了增长见识，放弃了豪门的优越生活，隐姓埋名去了日本，在日本公司中从最基层干起，潜心学习日本的管理。学成回国后，将日本公司先进的管理方式引入到家族公司，结果造就了闻名世界的辜氏企业。

很多人在深圳工作、生活了几年后，就回内地创办自己的公司，而且发展都不错，因为他们在深圳开阔了视野，回内地自然就显得先进。

在报刊上曾看到一篇介绍大连实德老总徐明的文章。

> 他开始时做外贸，因为精通外贸政策，就钻政策的空子赚了一笔钱。后来国家政策逐渐完善，漏洞补上了，他就没法继续做外贸了，于是就去欧洲各国游历。到了德国，他看到德国家庭很多都在用塑钢玻璃，他就想中国将来肯定也会用，于是投下了他的全部资金，并贷款1亿2000万引进了12条塑钢型材的生产线。当时别人都说他太超前了，但现在他却成了中国的塑钢大王。

徐明的成功，你能说他比你聪明百倍千倍吗？他只不过比你见的世面多而已。

说起来真的很简单，别人比你聪明，往往只是因为它见的世面比你多，所以你要想变聪明，就要多去经历，多见世面。这个世面一见，就让你站得高了，就让你望得远了。

> 有一天，一个小孩正在玩他的小望远镜，他对父亲抱怨说："这东西不好，不用它我还可以看得更清楚，可用了它之后，每样东西反而都变得那样小。"他的父亲笑笑，原来那小孩拿反了，他从缩小的那一头看，难怪无法看到放大的东西。父亲轻轻地将望远镜筒倒过来。于是那位小孩的视野就变大了。

如果你过分地看重眼前利益，就像是将望远镜拿倒了，你只会看到缩小的世界；如果你懂得从长远的目标看问题，你就是在正确地使用望远镜，你的视野就会被扩展。

有人说，人的一生就像爬山。目标高的、欲望大的，就爬一座大山；目标小的、期望值低的，就爬一座小山。

这就是站得高才能看得远的道理。古人云："登高而招，臂非加长也，而见者远；顺风而呼，声非加疾也，而闻者彰。"一个人在较高的目标指引下，前进的动力就足，克服困难的勇气就强，工作起来干劲就大。如果目标过低，且较容易实现，则动力和干劲就小得多。因此，前进的目标不能过高或过低，过高了，欲速则不达，很容易气馁；目标过低，又起不到激励作用。所以，在给自己定目标时，应客观地对现状进行分析，以艰苦细致的努力后，就能达到预定的目标为宜。

大目标，大动力，大发展；小目标，小动力，小发展；无目标，无动力，难发展。只要有信心，就可以化渺小为伟大，也可以化腐朽为神奇。

6 专一目标与专注目标

我们先看一段名人自述：

“我没有任何专长，每一方面都属于中间水准。有的比中间水准稍高，有的比中间水准稍低。譬如体能方面，我跑得不快，游泳也勉强；骑马比较内行，但是离赛马的技术还很远。我的眼力很差，射击往往落空。因此在体能方面，我只是泛泛之辈。在文艺方面，亦复如此。我这一生虽然写过不少东西，但是每一篇文章都得涂涂改改，苦不堪言。”

这样的一个人实在并不稀奇，但他究竟是谁呢？他居然是连任四届美国总统的罗斯福。

这样一个平凡之人为什么能成为美国四届连任总统呢？他的成功，关键还在于目标专一，朝自己的长处发展，而不是什么都想做。比如他知道自己倾向于公众事务、喜欢组织与领导，就训练自己的性格与能力，使其充分发展与尽情发挥。

所谓专一，也就是目标要明确，不能游移不定，朝秦暮楚。一个人若没有明确的目标,努力做事,都会像是一艘失去方向的船。

爱因斯坦的一生所取得的成功,是世界公认的,他被誉为20世纪最伟大的科学家。他之所以能够取得如此令人瞩目的成绩,和他一生具有明确的奋斗目标是分不开的。

他出生在德国一个贫穷的犹太家庭。家庭经济条件不好,加上自己小学、中学的学习成绩平平,虽然有志往科学领域进军,但他有自知之明,知道必须量力而行。他进行自我分析:自己虽然总是成绩平平,但对物理和数学有兴趣,成绩较好。自己只有在物理和数学方面确立目标,才能有出路,其他方面是不及别人的。因而他读大学时选读瑞士苏黎世联邦理工学院物理学专业。

由于奋斗目标选得准确,爱因斯坦的个人潜能得以充分发挥,他在二十六岁时就发表了科研论文《分子尺度的新测定》;以后几年,他又相继发表了四篇重要的科学论文,发展了普朗克的量子概念,提出了光量子除了有波的性状外,还具有粒子的特性,圆满地解释了广电效应,宣告狭义相对论的建立和人类对宇宙认识的重大变革。

假如爱因斯坦当年把自己的目标确立在文学上或音乐上(他曾是音乐爱好者),恐怕就难于取得像在物理学上那么辉煌的成就了。

为了避免耗费人生有限的时光,爱因斯坦善于根据目标的需要进行学习,使有限的精力得到了充分的利用。他创造了高效率的定向选学法,即在学习中找出能把自己的知识引导到深处的东西,抛弃使自己头脑负担过重和会把自己诱离要点的一切东西,从而使他集中力量和智慧攻克选定的目标。他曾说过:"我看到数学分成许多专门领域,每个领域都能费去我们短暂的一生……诚然,物理学也分成了各个领域,其中每个领域都能吞噬一个人短暂的一生。在这个领域里,我不久便学会了识别出那种能导致深化知识的东西,而把其他许多东西撇开不管,把许多充塞脑袋、并使其偏离主要目标的东西撇开不管。"他就是这样指导自己的学习的。

为了阐明相对论,他专门选学了非欧几何知识,这种定向选学法,使他的立论工作得以顺利进行和正确完成。

如果他没有意向创立相对论,是不会在那个时候学习非欧几何的。如果那时候他无目的地涉猎各门数学知识,相对论也未必能这么快就产生。爱因斯坦正是在十多年时间内专心致志地攻读与自己的目标相关的书和研究相关的目标,终于在光电效应理论、布朗运动和狭义相对论三个不同领域取得了重大突破。

特别值得一提的是,爱因斯坦对已确立的目标矢志不移。1952年,鉴于爱因斯坦科学成就卓著,声望颇高,加上他又是犹太人,在以色列的第一任总统魏兹曼逝世后,邀请他接受总统职务时,他却婉言谢绝了,并坦然说自己不适合担任这一职务。爱因斯坦确实是一位伟大的科学家,但要让他当总统,未必会有多大建树,因为他从未显示过这方面的才华,也未曾为此目标作过努力学习和奋斗。

一个人能认清自己的才能,找到自己的方向,已属于不易;更不容易的是能抗拒潮流的冲击。许多人只是因为某件事情时髦或流行,就跟着别人随波逐流,结果最后还是找不到自我,在追逐一时的热闹后,也换不来真正成功的机会。这就是说,职场中的我们,不仅要目标专一,而且还要专注于自己的目标,像爱因斯坦一样,矢志不移,直至成功。

某矿业股份有限公司选矿厂粗碎车间协力一组机长胡春华,是全国"五一劳动奖章"获得者,他带领的小组一年完成技术革新二十几项,是企业倚重的技术骨干。有一位工友悄悄说:"不管多难的工程,只要胡机长在,我们心里就有底!胡机长是我们的定心丸!"

胡春华为何取得如此成就,主要缘于他对目标的专一和对工作的专注,精益求精。不为名利诱惑,安心本职工作,是他作为劳模最具有普遍性的品质。他曾说过,无论自己身处什么样的岗位,或高贵或低微;也无论自己从事着什么样的工种,或科技含量极高或毫无高深可言,都要专心专意,把工作做得更好。正是这种理念决定了他的成功。

古人有"大道至简"的说法。粗浅的理解是,最简单的往往最单调、最难坚持,也最磨炼人,而这种日复一日、年复一年地单调枯燥的磨炼,练就的是一个人的耐心、恒心和意志，能使人逐渐达到心无旁骛，心神合一的境界，而一旦碰触到这样的境界，人就已经大幅度地突破和超越了自我，就必定能成功。

成功不仅仅是物质上的丰饶显赫，更是对目标的专一和对工作的专注，这样才能达到处变不惊安详自在。这就像森林和大地的关系，森林向世人昭示着繁茂多彩，而大地，则是森林生根的地方。

人最难降伏的是诱惑，人一旦为诱惑所左右就不会再专一和专注了，尤其是在物质丰富、机会多元的年代，对目标的专一和专注是成功者的重要因素。

一个成功的经营者曾经说过："如果你能专注地制作好一根针，应该比你制造一台粗陋的蒸汽机赚到的钱更多。"对一个领域百分之百地精通，要比对 100 个领域各精通百分之一强得多。面对外界的干扰，你的抗御力决定了你成功的几率；抗御力越强，你成功的几率就越大。

专注地对待一件事情，就会产生事半功倍的效果。同样，聚精会神埋头于自己的工作，可以提高一个人的综合能力，一个做事心不在焉的人也不可能成为一个成功人士。当我们着手某一项工作时，要全身心地投入，千万不要三心二意。只有把专注当做工作的使命去努力完成，并逐步养成专注的好习惯，你的工作才会出效率，才不会折腾于无效的工作中。

第三章

高效执行，减少“空折腾”

高效执行就是迅速行动，行动就是付出，没有行动，所有美好的计划、梦想和目标都实现不了。爱自己的工作不是空洞的口号，它体现在具体的行动中。当工作的方向和目标确定后，必须紧抓落实，将自己的目标落实到具体的行动上来，只有这样才能减少“空折腾”，也只有这样，我们的工作才能事半功倍，才能更有效率。

1

行动的速度决定工作成就

职场上，立即动手是一个员工在公司中能够得以表现突出的必备素质。只有立即动手的员工，才能够抓住转瞬即逝的机会，也只有立即动手的员工才能够很快地将自己的想法付诸行动。做事速度缓慢，必将丧失机会，最终只能是“空折腾”。

《英国十大首富成功秘诀》曾这样分析当代英国顶尖成功人士，该书指出：“如果将他们的成功归因于深思熟虑的能力和高瞻远瞩的思想，那就失之片面了。他们真正的才能在于他们审时度势然后付诸行动的速度。这才是他们最了不起的，这才是使他们出类拔萃、居于实业界最高职位的原因。什么事一旦决定马上就付诸实施是他们的共同本质，‘现在就干，马上行动’是他们的口头禅。”

在工作中，作为员工，我们肯定会面临很多难题。面对这些难题，有的人心里肯定会闪出像害怕失败，害怕经验不足这样的想法。特别是作为新员工，有这种想法的更加普遍。但是，在面对这一切时，必须抛弃恐惧和疑虑，立即动手去做。除了结果，没有任何其他的东西可以带来真正的影响，立即动手正是去获得结果的第一步。

认准了的事情，不要优柔寡断；选准了一个方向，就只管上路，不要回头。机遇就像闪电，只有快速果断才能将它捕获。立即行动是所有成功人士共同的特质。如果你有什么好的想法，那就立即行动吧；如果你遇到了一个好的机遇，那就立即抓住吧。行动的速度决定你工作的成就。

如果留心观察一下那些优秀的人，你就会发现他们做事大都多谋善决，雷厉风行，从不拖泥带水。这样的人工于心计，懂得做事要先下手为强，所以他们勇往直前，想得到做得到，从不落人之后，也只有这样做事的人才能真正成功。

现在不再是“大”吃“小”的时代，而是“快”吃“慢”的时代。大家都在追求速度，只有具备比竞争对手更快的速度，才能获得真正的价值和额外的利润。

在广袤的非洲大草原上，有一只羚羊，每天早晨醒过来的时候，都在想自己必须得比跑得最快的狮子还要快，否则就会被狮子吃掉；还有一只狮子，每天早晨醒过来的时候，也在想自己必须比跑得慢的羚羊跑得再快一些，不然就会饿死。

你是狮子还是羚羊都无关紧要，关键的是，每当太阳升起的时候，你必须快跑！

朗讯科技公司的前身是美国电话电报公司的网络系统与技术部，其主要业务是发展宽带与移动因特网的基础设施，生产通讯软件、半导体和光电子设备。

1999年，朗讯公司的销售额超过380亿美元，比上一年度增幅高24%；1999年12月，公司的股价更是蹿升到82美元，比前一年猛增了300%，成为华尔街的科技明星。

可谁能料到，从那以后短短几个月的时间，朗讯股票就从维持了近一年的每股80多美元一路跌到20多美元，转眼间，财富蒸发了3/4。

人们不禁会问，朗讯为什么会像一些媒体形容的那样“一夜之间由巨富变为赤贫”？分析家的普遍观点是，这家电信巨头之所以遭此厄运，关键在于它没能及时抓住瞬息万变的市场动向。

佐佐木基田是日本神户的一位大学毕业生，他毕业后在一个酒吧打短工时，遇到一位中东来的游客，二人说话很投机，于是游客慷慨地送给他一只很有特色的奇妙的打火机。这只打火机妙就妙在：每当打火，机身便会发出亮光，并且随之出现美丽的图画；而火一熄，画面也便消失。佐佐木反复摆弄、玩味，觉得十分美妙、新奇。于是他向游客阿拉罕打听这种打火机是哪里生产的，阿拉罕回答他是在法国买的。

佐佐木灵机一动，心想要是能代理销售这种产品，一定会受很多人尤其是年轻人欢迎，肯定还能赚一大笔钱。他一面想，一面就行动起来。他想办法找到法国打火机制造商地址，写信给他，十分恳切地要求代理这种产品。最后他花一万美元获得了这种打火机的代理权。

当佐佐木“搞定”打火机代理权时，日本也有几个商人想获取法国打火机的代理权，结果让名不见经传的佐佐木捷足先登取得了。若佐佐木没有抢先一步，先发制人，他很可能竞争不过其他有代理商品经验的商人。

佐佐木积累资金后开办了一个成人玩具厂，专制打火机、火柴、水杯、圆珠笔、钥匙扣、皮带扣等带有奇妙特色的产品。这些产品市面上不是没有，但佐佐木总是先人一步，在某项功能或某种款式上下工夫，做到人无我有，人有我新，即要有特色，有别于他人。他凭着才气和灵活的头脑，赤手空拳闯天下，终于由一个穷书生变成了腰缠万贯的富翁。

“先下手为强，后下手遭殃”，乃兵家用语。但事实上，在现实生活中，这句话也是很有实用价值的。如果佐佐木没有“先下手”的话，就难有后天的成就了。俗话说，“机不可失，失不再来”，机会摆在面前，你不先下手的话，别人就会抢先一步，而只有抢到机会、把握机会的人才会成功。

面对无数的计划和任务，如何取得第一主动权，将是工作是否成功、是否能获得同事与上级主管的敬意与赏识的最重要的一环。与其抱怨和害怕，倒不如将这样的时间用在积极的行动上。

著名美国时间效率专家兰肯曾经这样评价：“面对任何任务，没有不可能完成的，没有特别可怕的，你需要的仅仅是开始做起来，这才是你最应该关注的。因为它将使你获得先机与继续行动的动力，而这样的‘仅仅做起来’也最终将带领你走向成功。”

而另一位现代商业社会中的成功人士，英国迪阿吉奥饮料集团公司的创始人尤拉·霍尔这样对他的传记作者说：“在我开始创业的时候，我从来没有想过有什么事情让我害怕去做，我首先想的是如何赶快开始，赶快将自己的想法变为实际的行动，这样我最终将获得我想要的一切。”

在现代社会中，如何获得先机非常重要，当一个公司、一个员工群体面对着挑战的时候，最重要的就是如何不去“空折腾”，而是不再犹豫，立即行动！

2 拖延工作就是折腾生命

明代大学士文嘉曾写过一首著名的《明日歌》：“明日复明日，明日何其多，我生待明日，万事成蹉跎。”这正是那些做事拖延的人的真实写照。

拖延，每个人在工作中都或多或少地有过，只是轻重不同，形式不同，比如：琐事缠身，无法将精力集中到工作之中；不愿意自己主动开拓，被领导逼着才向前走；反复修改计划，该实施的行动被无休止的“完善”拖延；虽然下定决心立即行动，但就是找不到行动的方法；做事磨磨蹭蹭，以至工作久拖不能做完；情绪低落，对所做的工作没有兴趣，也没有什么人生的憧憬等等。总之一句话，今天的事明天做、现在的事以后做、自己的事等待别人去做、能做的一直拖着不做(无论有意识还是无意识)。

其实，对于每一个渴望有所成就的人来说，拖延都是最具破坏性的，它是一种最危险的恶习，它使人丧失进取心。一旦开始遇事拖延，就很容易再次拖延，直到变成一种根深蒂固的习惯。拖延绝不是一种无所谓的耽搁。

一个单位很可能因为短暂的拖延而损失惨重。1989 年 3 月 24 日，埃克森公司的一艘巨型油轮在阿拉斯加触礁，原油大量泄露，给生态环境造成了巨大破坏，但埃克森公司却迟迟没有做出外界期待的反应，以致引起了一场“反埃克森运动”，甚至惊动了当时的美国总统布什，最后，埃克森公司总损失达几亿美元，形象严重受损。

如果你想通过拖延来瞒过单位,那你就犯了一个大错误。工作时虚度光阴会伤害单位,但受伤害更深的却是我们自己。单位或许不了解每个员工的表现或不熟知每一份工作的细节,但却很清楚拖延最终会带来的结果是什么。可以肯定的是,升迁和奖励是不会落在惯于拖延工作的人身上的,在职场上,将没有这些人的立足之地。因此,对待工作我们要做到立即行动,绝不拖延,今日事今日毕!

所以说,工作应该按计划去做,不要总是想着以后还有很多时间,不要认为这件事在别的时间做会更容易些。要知道:我们没有想象中有那么多的时间与精力。

计划总赶不上变化,新的一天总会有新的工作需要你来做,遗留下来的工作还没有完成,新的工作又接踵而来,这会使你应接不暇,顾此失彼。今天的事情一定要今天做完,拖延只会使新旧工作堆压在一起,令人身心疲惫。

拖延不只使人工作效率下降,而且还会使人丧失做事的才能,走向平庸。具有拖延习惯的人,不到火烧眉毛的地步,就弄不出一个结果来。日子一久,会使原本所具有的一切能力逐渐退化,坏习惯越来越多。

拖延是个不讨人喜欢的习惯,不仅使我们失去自信,而且也会失去别人对我们的信任和尊重,同时使得各种机遇的大门不再向我们敞开。

我们为什么拖延?从根本上说还是因为工作消极被动。大家都知道拖延浪费时间,可事实上,拖延的弊端远不止这些,我们甚至可以说,拖延工作就是在折腾生命。

有人为完不成工作找各种各样的借口,有的说情绪不好,有的说状态不对,有的说条件太差……于是理所当然地把该做的事放在一边,去做那些比较容易、比较有趣的事。拖延就这样使我们工作的出发点发生了扭曲,从而让我们无法将工作做好。我们的生命也慢慢地在这样的拖延中耗尽。

拖延是可怕的敌人,是时间的窃贼。现代社会最讲究效率,在这个时代,拖延就是失败,行动与速度才是制胜的法宝。

优秀的员工做事从不拖延,而且还能提高效率,节省时间。在工作中,他们知道自己的职责是什么,知道自己每天的工作是什么,知道自己一小时甚至是一分钟该完成什么。他们会把自己的工作安排得井井有条，今天的工作决不留给明天。他们深知只有这样，才能真正做到“日事日毕，日清日高”，才能在日益激烈的竞争中立于不败之地。

3 失败害怕敢于行动的人

在公司中，谁是勇敢尝试的员工，谁就能为公司创造巨大价值，能使自己体现出最大所值。相反，那些越是害怕失败，越是犹豫的人，就越容易遭遇到真正的惨败。因为勇敢尝试的员工会在实施项目的过程中不断总结自己，从而获得越来越多的经验和机会，而懦弱退却的员工却总是越失败越害怕，最终完全丧失勇气。一点一点地不断成功可以让人们鼓起更大的勇气与自信，而这一点一点地不断成功只有勇敢尝试的人才可以得到。

绝大多数时候，那些看起来不可能完成的工作，或者以为结果会很糟糕的事情，在你真正动手去做以后，结果却往往是正面的、积极的，也就是说当你不再害怕、不再犹豫之后，失败也就开始害怕你，成功也会开始青睐你——失败害怕敢于行动的人。

在这个世界上，几乎没有人不想成功。可在这个世界上，有一种人永远不会成功——那就是有想法，却从来不去付诸实际行动的人。

伏尔泰有一句名言：“人生来就是为了行动，就像火光总是向上腾。”

毫无疑问，几乎所有成功者都是敢于行动和善于行动的人。一个人在岸上读一万本《游泳指导》，如果不下水，还是永远学不会游泳。一个人的战略再完善，如果不去行动，就永远成功不了，就像画的饼，永远不能用来真正充饥。

在职场中，许多员工总是患得患失，希望有万无一失的把握、完美无缺的方案,然后才去行动。可是在这个世界上,有这样绝对化的事物存在吗?“智者千虑,必有一失”,我们永远无法通过策划和战略,将未来所有的风险都一一规避。因此,只有行动,才能让愿景变成现实;也只有在行动中,我们才能真正把握机会,推动命运的前进。

有句话说得好:“心动不如行动!”

EDS是美国一家著名的信息技术公司,成立于1962年,曾有一名记者采访EDS公司的创办者罗斯·佩洛说:“你们公司成功的秘诀是什么?”

罗斯·佩洛回答得很有意思:“预备!发射!瞄准!”

记者有些不解,因为按照常规,应该是预备、瞄准、发射。但这确实就是EDS公司的经营宗旨,也正是这一打破常规思维的宗旨使得EDS公司能够有突飞猛进的发展,从一家投资不过1万美元的公司成为目前年营业额超过200亿美元、员工过10万的跨国公司,并且能让“平凡无奇的人创造出超乎想象的成果”(该公司现总裁杰夫·海勒语)。

罗斯·佩洛的解释是:“我们从来不等有了方法再行动,而是在行动中寻求方法,在行动中瞄准。如果射偏了,没关系,纠正它,再发射。重要的是发射,是行动!”

1994年不到14岁的姚明进入上海青年队。当时,他是新队员中技术最差的一个,队友们不愿意把球传给他,因为他手里的球老是轻易就被人截走。除了身高,当时的姚明根本没有什么别的优势,而且他的心肺功能、肌肉力量都不是很强。教练陆智强说:“姚明不会打球,甚至连跑都不会跑。”还有一个问题是,姚明长得太快,身高过高,不够强壮,肌肉发达程度大大低于普通人,另外他还严重缺钙,骨骼不够强壮……

针对这一情况,科研人员为姚明特地制定了一套方案,循序渐进地增强姚明的骨密度和骨肉质量。姚明在配合实施这套强身方案的同时,也在教练指导下,加强了体能训练。对于训练,姚明从不马虎,也特别能吃苦,因为他知道想要在篮球场上实现自己进入国家队的梦想,必须下工夫去做。

三年过去了,姚明有了极大的提高。这时他有了新目标:进

入国家队与自己的偶像王治郅一起打球。1997 年 10 月，姚明参加全国八运会男篮比赛。战山东队、战河北队……姚明一鸣惊人，虽然很明显他还很稚嫩。在与浙江队的比赛中，姚明在防守对方高大的中锋时，竟然 15 次摔倒在地。

接下来的 CBA 第二个赛季，姚明加入上海东方大鲨鱼队到 1998 年春赛季结束，姚明所在球队获得第五名，而他自己则以 45 个盖帽的技术统计，排在自己的偶像王治郅之后。1998 年 3 月 20 日，中国篮协公布了由广大球迷和新闻记者评选出的 1997—1998 赛季 CBA 全明星队名单，姚明榜上有名。4 月，传来喜讯：姚明入选国家男篮集训队，备战曼谷亚运会。

很多人都有过这样的经验，刚定好目标时颇有磨刀霍霍的干劲，可是过了三个星期后就没劲了，更别提实现目标的自信了。实际上，制定目标很容易，难的是付诸行动。制定目标可以坐下来用脑子去想、用笔去写，而实现目标却需要扎扎实实的行动，因为只有行动才能化目标为现实，只有敢于行动才能避免失败。

4

发现问题及时解决

工作中，总会遇到各种各样的问题，这是不可避免的。问题的出现，就像是日落月升那样自然。所以，优秀员工都是那种能高效执行、及时解决问题的人才。

在老板眼里，没有任何一件事情比员工能处理和解决问题更能表现他的责任感、主动性和独当一面的能力。一个经常为老板解决问题的人，老板肯定会很器重他。因为，他没有让问题延误，酿成大祸；最重要的是，他能让老板省心省力，老板可以从容地把精力集中到更大的问题上。有了这样的员工，老板就少了很多后顾之忧。

无可厚非，老板就是喜欢那种处事冷静、善于解决问题的员工。假如面对问题，你总是不能妥善解决，那么问题就会成为你工作的负担，如果是这样，不但你要遭受损失，你的老板也要跟着你一起遭受损失，他损失的可比你大得多。

在企业里，可以看到很多的员工在工作时并不尽心尽力，不但没有创造价值，反而留下了一大堆问题。他们觉得反正这个企业不是我的，出现了问题老板不可能不管，我没有做好，自然会来解决。还有更过分的人，在老板分配任务时，就采取拒绝的态度，开口就是一句："这件事情我做不了"！这种工作态度真是太危险了！要是你不尽力做好工作，等到老板亲自为你解决的时候，你失去工作的日子也就不远了。

没有任何一个老板愿意把自己安排的任务又被人当做皮球给踢回来，你不能做事，老板请你来干什么呢？事实上，在不少企业里，老板不得不亲力亲为去做下属做不好的事情，甚至还要给下属收拾烂摊子。这是身为一个老板的悲哀，是下属们的耻辱，更是企业的不幸。

在 1999 年以前，凯玛特还是美国的第一大零售商，但是到了 1999 年这家公司就开始走下坡路了。有一个关于凯玛特的故事也流传开了：

> 在 1990 年的凯玛特总结会上，一位高级经理认为自己犯了一个错误，他向坐在他身边的上司请示应该怎样改正过来。这位上司不知道怎样回答，便向上级汇报："我不知道该怎么办，你看该如何处理呢?"而上司的上司又转过身来，向他的上司请示。这样一个小小的问题，到最后竟然一直推到了总经理那里。后来那个总经理回忆当时的情况苦笑着说："真是太可笑了，竟然没有人积极思考解决问题的方法，而宁愿把问题一直推到最高领导那里去。"
>
> 2002 年 1 月 22 日，曾是美国第一零售商的凯玛特公司不得不申请破产保护。

从凯玛特的案例里我们可以看出，老板雇用一个人，给他一个职位，同时也给予了他与这个职位相应的权力，目的是想让他完成与这个职位相应的工作，而不是让他在这个职位上无所事事。

所以，作为企业的一员，你要想让老板重用你，就必须得想办法让他信任你。而要想让老板信任你，就必须能够化问题为刺激，化问题为发现更高境界的推动力，做到面对任何问题都能冷静地处理，妥善地解决。善于动脑子分析问题并能妥善解决问题，才能给老板留下深刻的印象。

有人说，问题是一块很奇妙的石头，对不同人呈现不同的形状。

在失败者面前，它是“绊脚石”，让他在工作与生活中栽一个又一个跟斗，或者让他止步不前；在成功者面前，它是“垫脚石”，让他在收获胜利的同时，又踏上新的成功起点。

因此，工作的过程，就是不断发现问题、解决问题的过程。职场中，很多人为了保住工作，只是故步自封、按部就班地做上司吩咐过的事情，他们可能认为自己“正在工作”或者“已经工作了”，但实际上，问题却原封不动地留给了别人。我们必须明白的是，问题不可能因为我们的回避而自动消失，推卸责任也只能使问题更严重。最好的办法，就是做个有心人，勇敢地承担起自己的责任，积极地寻找有效的解决途径。对待问题，我们要做的只是去解决，而不是其他。

俗话说得好，天底下没有免费的午餐。假如问题都被别人解决掉了，你只需要做现成的、容易的事，这样一份工作，恐怕全世界都很难找到。

其实，工作中有问题是正常的，正如人生中会遇到种种麻烦与不测。到目前为止，还没有听说过谁在工作中没有碰到过问题，不论他是老板还是员工。

任何人只要不以问题的“难”为借口躲避，全力以赴地向问题发起挑战，把困难和问题当成最好的机会，再“难”的问题也能解决，而当初的“绊脚石”也就能变为“垫脚石”。

你跟老板的工作关系永远是这样的：你执行老板给你安排的工作，而不是你安排老板的工作。作为员工，不管是接受任务时，还是在完成任务的过程中，都必须坚定地明白：自己的问题自己解决！

所以，在工作中遇到各种困难的时候，哪怕是困难重重，你也不能老是想着逃避、犹豫不决，更不能有依赖思想，想着某个人能帮你全力解决，你要敢于作出自己的判断。因为是你本职范围内的事情，要果断而又大胆地自己拿主意，没有必要全都向老板请教。发现问题就自己想办法去解决，遇到困难就自己想办法去克服，把问题解决掉，把困难克服掉，你就体现了你的个人价值，就会迎来新的契机。

你如果能够经常这样做，不但可以锻炼了自己工作的能力，而且还能把自己的巨大工作潜力挖掘出来，日子一长，你的工作能力就能胜人一筹，老板也就会更加器重你。

5 执行到位就不会“空折腾”

工作中任何执行都要到位，执行不到位就是“空折腾”，因为执行不到位就会造成成本的增加，导致极大的浪费，甚至会带来加倍的损失。

所以说，员工在做任何事的时候，都要抱着“执行不到位，不如不执行”的心态，才能有效地保证执行真正到位。

执行要做好，并不在于事后的反思，而在于事前的计划和布置。一个计划目标的成败不仅仅取决于工作方法，更在于如何执行，执行的结果如何。工作的结果如何，要看执行的情况如何，执行的到位，将会产生设计的、预期的工作结果，如果执行得不到位，那么执行的结果可能会有千里之差，那么整个执行的过程将是一个没有任何用处的过程，简单地说，整个过程将是浪费人力、物力的“空折腾”。所以说，执行不到位，不如不执行。

一个公司，完成工作的好坏集中体现在员工的执行力上。如果每名员工不打折扣地做好了，那么整个工作也就能够圆满完成，我们在工作中经常会出现这样那样的问题，都是由于没有按操作标准和各项规章制度去执行。除此之外，我们很多员工的执行力不够，还跟基层的管理者有莫大关联。他们的认识提高不了，执行力根本就谈不上，也就不能很好地带领团队完成各项工作任务。

小刘是某宾馆服务员，一天，一位客人叫住她，请她帮忙买一块香皂上来。她起先以为是自己的工作疏忽了，忘记了给客人配发一次性香皂，便急忙向客人道歉，并表示马上帮客人去配好。但客人笑着告诉她，并不是她没有配香皂，而是宾馆里的一次性香皂太小了，不方便使用，想去外面买一块大点的。于是她爽快地出去为客人买回了大香皂。

次日，客人走了，她收拾房子时发现那块大香皂只用了一点点，而小香皂却原封没动。她是一位善于思考的员工，做任何事情都不折不扣地执行到位，于是她暗想：小香皂不方便用，大香皂又浪费，假如能够做一种环型的大香皂，中心是空的，这样既好用又不浪费，还能招揽更多的顾客。

有了这样的想法，她马上进行了市场调研。以她在服务行业这么多年的经验看来，这种香皂的消费市场潜力巨大，完全是一个难得的机遇。于是她立即付诸行动，果然，她的香皂受到了顾客的广泛好评。

案例中的小刘习惯将工作做得很到位，思考得比别人多一点，执行上也就比别人更到位一些，于是，她为自己寻求到了一条出路。我们不妨多多效法，有时候一个好方法或一个好点子，就能让工作效率大大提高。

当今是一个工作成果制胜的时代，中国绝不缺少雄韬伟略的战略家，但缺少的是精益求精的执行者。好的战略只有执行到位，才能发挥作用，才会产生企业制胜的成果。

如何才能执行到位，避免“空折腾”，以下几点值得我们每一个人学习：

第一，执行到位必须加深理解。理解力是理解认识事物的能力。它是决定执行力的关键。同样的工作指令目标，相同的理解力，不同员工的差异就是工作的积极程度，自然结果会大大不同。因此说，对目标任务理解力的深浅，影响着执行力的大小，即理解力的深度决定着执行力的强度。对目标任务理解得越全面、越准确，执行和实现目标任务时就会越坚决、越迅速，反之则不然。

第二，执行到位要明白为什么要做。执行力就是按质、按量、按时完成自己的工作。执行力就是贯彻能力，一项政策和工作的制定，是有它的目的性的，是要解决一些实际问题的。在加强贯彻执行的过程，首先要明白贯彻执行政策和工作任务的实质，只有了解了精神实质，在贯彻执行过程中，才不会走弯路，才能不折不扣地执行到位；其次要树立正确的执行力理念，只有有正确的执行力，才能在工作中积极主动地执行。实际工作中，总会遇到各种各样的问题，只有身体力行，敢于面对困难，做任何事情不拖延，不敷衍了事，才能提升执行力。

第三，执行到位要清楚怎么做才行。明白了为什么要做，接下来就是怎么贯彻，怎样执行了，在过去的执行中，往往会出现领导怎么说，就怎么办，领导想办成什么样，就办成什么样的现象，各自为政，你有你的想法，我有我的做法，拖延扯皮，这是不负责的贯彻执行。我们在贯彻执行过程中，一是要把事情想在前头，把工作干在前面，对工作的每个阶段和每个环节都要一丝不苟地执行；二是要按程序步骤进行贯彻执行，该按程序进行的必须要按程序做到位，不能偷工减序，要做到明确的事情认真做，简单的事情用心做，复杂的事情耐心做；三是要在创新中贯彻执行，一项政策和工作的制定，不可能是十全十美的，有些需要我们在贯彻执行过程中去完善，因此我们要不断创新，在执行中创新，在创新中执行，使我们的工作得到圆满落实。

第四，执行到位要知道做的结果。一项工作的贯彻执行，落实到什么样就算是贯彻执行，其好坏如何评价，贯彻执行者要心里有数。一是要正确处理“做了”和“做好”的关系，在贯彻执行过程中，不能只满足于“做了”，不重视结果，那是走过场糊弄人的，是对工作不负责的表现，只有做好了，才叫“做了”；二是“大家好，才是真的好”，贯彻执行的最高境界是圆满，我们在贯彻执行过程中，不仅要做成事，还要把事情做到无懈可击，无可挑剔，方方面面都叫好才行。

6 卓越员工追求高效工作

你是不是每天都很忙,却总是事倍功半?你是不是感觉付出很多,得到的却只是老板的责骂?你是不是没有一刻空闲,到总结时却说不出有多少成果?

高效工作是现代职场的"法宝"和"秘诀",那些成绩斐然的卓越员工都是高效工作的人。

下面是卓越员工对高效工作的经验总结,也许可以给你提高工作效率、减少"空折腾"提供一些有益的参考:

(1)确定方向不走冤枉路

俗话说:"马壮车好不如方向对"。方向错误,再怎么努力都枉然。

平时我们要仔细想想工作的重点是什么,希望借此得到什么结果,这样做之后是不是真的能得到想要的结果,与你的主管及上下游流程的同事一同讨论,再决定整个方向及流程。因为,光是忙碌是不够的,没有效率的忙碌只是"空折腾"。我们必须明白:我们到底在忙些什么!

(2)做专案执行计划

事先做好计划表可以帮助你理清该做完的事。以一天的计划表来说,首先列出你必须做的事,这些是你今天的首要工作。然后再列出应该做的事,以及可以做但并不急于一时的事。然后评估各项工作所需的时间,再决定如何把时间分配到这些工作上。记住,应该把最重要的事情放在一天中状况最好的时间内去做。

一天的时间规划完成后,可以延伸成一周的计划,决定一周内最重要及必须做的事。每天要确认行程是否照计划进行。

(3)事前准备需周到

在工作过程中再花时间去寻找所需的资料或工具,会增加出错的机率。事前即将一切所需都准备好,即取即用,这才是卓越员工的高效工作方法。

随时准备好"最新"的资讯:"资料"的随时更新与增删,可以让我们永远掌握到最新的讯息,并随时将它做好整编、归类等的工作,以供随时可迅速做出正确的思考判断。

当你在做小事情的时候,你必须想"大事情",以便让所有的小事情都能朝正确的方向前进。

(4)不断学习知识与技能

在职场,若不加紧学习,自己就可能像一辆破旧的汽车开在高速公路上一样,不仅无力,更会遭受时代无情的淘汰。"苦干"是成功的基本条件,但它并不能保证成功,我们要聪明地工作。不断学习对工作能力的增进很重要,主动发问、参加课程,甚至只是默默观察别人怎么做,都能学习到知识和技术,再提炼出更有效的做事方法与解决问题之道,这样工作起来就更事半功倍了。

(5)创意使你轻松做事

有创造力,才不会在无例可循的情况下,急得像热锅上的蚂蚁。

培养创造力的方法有几种:开放心胸,经常注意周遭的环境,就可发现更多解决老问题新方法;审视所有可能的方案,千万别因"不可能"、"幼稚"、"没人成功过"或是"从没听说过"而轻易放弃;善用第六感,保有敏锐的感觉,放松身心,运用你的灵感,突破思维的限制;抽离各个解决问题方案的精华,予以分类整理,再重新组合,看看彼此的关系如何,能否衍生出新的观点。

(6)借用他人时间

要让工作有效率,分工合作甚至找专家帮忙都是方法之一,授权是节省时间的终极武器,也是增加效率的法宝。投资一点时间常常和你的同事沟通,会产生很大的效益。高绩效者会集中心力于解决问题,而不会集中心力于责怪问题的发生。

在工作中,忙碌并不总是好事情,也不是只有忙碌才能带来成功,我们应该选择一条能更好通向成功的路,那就是高效工作。

7

想到是银做到才是金

经常会听到有人说这样的话：“如果当初我也做这笔生意，现在就是富人了！”“我当时要再努力一下，肯定能考上重点大学！”很多人回首往事时，往往会对自己的曾经的想法唏嘘不已，那些曾经的少年时期的美好的梦想，如今早已成为过眼云烟，而我们依然还是平凡的自己。

这个世界永远不缺少想法，但绝对缺少做法，成功的原因只有一个，那就是行动大于空想，那些想到做不到的人不一定是蠢材，但是那些想到又做到的人一定是人才，即使迅速的行动不会结出成功的果实，至少能收获经验，充实自己。

这就是说，在职场上无论遇到什么事情，什么问题，都要及时办理，及时解决，不要拖延，不要放弃，否则就会贻误处理问题的最佳时机，失掉成功的机会。

及时着手解决也意味着应该按照一定的步骤、程序，一步一步地解决，到最后如果解决不了，或者实在做不成，也不会后悔，到那时再放弃就会变成一种另外意义上明智的选择。工作中有许多事情，特别是一些重大学术发明，有许多人想到了，也有许多人去做了，还有许多人做了大量的工作而终止了，等到别人把自己的发明公布于世，或者在某一领域取得成功的时候，他们开始后悔莫及，后悔自己当初不该想到却没有做，做了但没有及时、积极地去做，或者没有坚持到最后就放弃了，但结果都是一样的：最终没有成功。

还有许多问题，如果当时不及时解决，等到问题变得严重，出现重大隐患事故的时候，就为时已晚了。

因此，我们做事情，只要有价值、有必要、有能力去做，哪怕是日常工作、生活和家庭中的一些鸡毛蒜皮的小事，只要是需要，就应该积极地去做，不要半途而废。同样，遇到问题，无论大小、重要程度、难度如何，都要积极地随时解决，否则，就有可能使问题被遗留下来，或者扩大化，或者进一步增大解决问题的难度，影响以后的工作、学习和生活，乃至自己的前途和命运。

做什么事情，解决、处理什么问题，一旦介入了，有了成熟的想法或方案、计划，就不要含糊，不要犹豫，不要惧怕困难和挫折，要凭借当时的激情、热度和信心，创造条件，及时地、有计划有步骤地、尽一切努力坚持不懈地去做。

因此，在生活和工作中，问题一旦出现，就要拿定主意，确定了目标，只要是对工作学习、家庭生活有益的事情，哪怕是小得不值得一提，哪怕不一定会成功，也要去努力、去尝试、去奋斗、去坚持，不要轻言放弃，失败和成功也许就差一步。我们平时拖掉和放弃的不仅仅是某一件事情，而且还有宝贵的时间，成功的机会、无穷的财富及终生都无法弥合的精神情感。

俄罗斯作家克雷洛夫曾说：“现实是此岸，理想是彼岸，中间隔着湍急的河流，行动则是架在川上的桥梁。”只有行动能够将想法变成现实，但是如果这座“川上的桥梁”没有搭好，也有可能给人们造成损失，所以想到就要做到，做到还要做好。

著名的华人电脑专家王安博士说，影响他一生的事发生在他 6 岁那年。一天，6 岁的王安外出玩耍，发现了一只嗷嗷待哺的小麻雀。他决定带回家喂养。走到家门口，他忽然想起未经妈妈允许，便把小麻雀放在门后，进屋请求妈妈。在他的苦苦哀求下，妈妈答应了。但是，当王安兴奋地跑到门后，这时小麻雀已不见了，他看到的是一只意犹未尽的黑猫。

这件事给他幼小的心灵带来了深深的创伤，从此他明白了一个道理，也吸取了一个教训：凡事要当机立断，立即行动，不能瞻前顾后、犹豫不决。王安以后做事从不优柔寡断，果断把握机会成就了他一生的事业。

同样，在职场中，纵使你有骄人的才干、聪慧的头脑，如果总是徘徊不前的话，最终你必定会因此而失去老板对你的信任，失掉挑重担的机会。因此，不管从事什么行业，当老板给了你某项工作后，你必须抓住工作机会，当机立断，立即行动，一鼓作气将问题解决，而不是在犹豫不决中贻误时机。事实上，要解决问题必须先行动起来，因为一旦进入行动状态后，人们就来不及多想，就等于逼上梁山、背水一战，这样反而更容易解决问题。

8 眼高手低是平庸员工的通病

某研究中心曾在2590名“80后”青年和500家用人单位中进行过调查，调查显示，逐渐成为社会主力的“80后”青年已表现出鲜明的职场特征，欠缺吃苦耐劳精神、频繁跳槽、“眼高手低”等问题已成为这一代人的“通病”。

有经验的职场人都知道，眼高手低、不切实际是职场的大忌。在职场中经常能够看到这么一些人，他们在任何一个公司待的时间都不会很长，他们的年纪不小，却永远是职场上的新人。他们总觉得自己能力超群，没有受到重用，无可奈何，继而离去。初入职场的新人们，一定不能自视过高，眼高手低。

作为职场人，既然已经跟周围的人身处同一个组织，同一个环境，就说明你仍然是一个普通人，不是什么特殊的人物。想要在职场上站稳脚跟，首先就要学习如何与周围的人相处，接受不同的观点，不要总是摆出一副自命不凡的姿态与人争论，你不可能永远是正确的。

然而，总是有这样一些人，眼高手低，不切实际。他们总是想干一番大事业，而瞧不起那些小工作。即便是做了，也不是心甘情愿的，觉得被屈才了，受委屈了。结果大事没做好，小事也干不了，什么成就都没有。这种人往往自认为身怀雄才伟略，却没有办法得到领导的重用。但是试想，一室不扫，何以扫天下？小地方都做不好，怎么做大事呢？想要做大事的人，得有做大事的能力和心态，而这种能力是经过一点一滴累积而成的，并非学到什么就可以马上应用在工作中。如果整天只想着一些不切实际的“大事”，不仅雄心壮志实现不了，连面前的饭碗都有可能保不住。

因此，不要总是穿着眼高手低的“外套”，这种没有实际意义的妄想该脱就得脱。虽然说人要有理想，但是理想是建立在行动的基础之上的。对自身能力有了充分客观的把握之后，从小事做起，不断提升自己，宏伟的理想最终才能实现。

从青涩的员工，变成老练的职场人，对于每个初入职场的人来说都是一个长期的历练过程。如何在全新的职场环境中恰如其分地展现自己的实力，自信地迈出第一步，就成为很多职场新人的头等大事。然而有些人却误解了自信的含义，自信是应该的，只不过一旦过了头就变成了自负。

所以说，要自信，不要自负！不要让自负阻挡自己的前进之路。机会是不等人的，也不是非你莫属的。不要挑战上司和同事的底线，否则自负的结果可能会让你负担不起。

同时，现代职场上不可能单打独斗。现代企业发展，靠的是团队。在进入一家公司之后，如果想要在最短的时间内适应公司文化，将工作做好，做成功，就要学会尽快融入团体，在团体中确定自己的职业定位。在你迫不及待地想要彰显自己的能力，不妨将这些鄙视别人的精力放在其他地方，比如了解公司制度，摸清工作流程，摸索工作规律，虚心地向前辈请教潜在的规矩。想要让自己被团队接纳，就不要用自以为是给自己树敌，而是要想办法接受和认同企业文化，即便不认同，也不要予以驳斥。

职场中人，要在团队中找准自己的角色，并且扮演好这些角色，才能将戏唱完，唱好。只有选定了角色，大戏才能开始。在角色和角色之间要讲究基本的职业道德，不要肆意地将自己的“不屑”带到职场。懂得辨清轻重，顾全大局，才是实现团队价值的行为准则。

另外，不要小看任何人。总是有一些人会因为默默无闻而被忽视，甚至被人看不起，可能你也曾经轻视过这样的人，“默默无闻”者往往不爱说话，做的工作在别人眼里也是可有可无的。但是职场哲学告诉我们，不要小看任何人，说不定什么时候这些人就会成为你的贵人。很多时候，我们在与一些成功人士交谈的时候，会惊讶于他当初那么落魄，是怎么走到现在这个位置的。而那些曾经看不起他的人，除了羞愧，还会后悔当初怎么不和他走得更近一些呢！

总之，眼高手低不是优秀员工的所为。人在职场就要切记，如果你有自己的想法，请不要用自负的方式来表达。如果你有过人的能力，也不要“门缝里看人”。否则，最后除了孤独，什么都不会留下。如果你是一团火，请不要选择烧伤别人，而要选择为别人带来温暖和光明。

第四章

业绩提升，杜绝“白折腾”

职场中，“最近比较忙”是很多人的口头禅，“忙”字成了无数人工作和生活的写照。虽然“忙”字代表了人们的生活状态，但它代表不了人们的生活质量，很多整天忙碌的人没有取得业绩，从头至尾都是在“白折腾”。要知道，在职场中打拼，任何美妙的借口都没有用，唯有业绩才是硬道理。

1 职场业绩决定个人价值

在市场竞争已趋白热化的今天，无论是企业，还是员工，大家希望得到的一切只能从业绩中来。企业要发展壮大，必须不断创造业绩，获得持续的利润；个人要在职场中赢得核心竞争力，要靠出色的工作业绩。业绩是检验优劣的标准，是证明能力的尺度。业绩就是价值，一个品牌的价值是伴随着业绩一步一步成长起来的，一个人的价值也是由工作的业绩体现的。荣誉只会赋予创造业绩的英雄，你的业绩出类拔萃，你就是冠军！如何竭尽所能地创造出最大业绩？是我们每一名员工都要不断思索的问题。

不管做多么平凡的工作，面对多少困难，我们都应该朝着一个目标努力，那就是取得业绩！没有最好，只有更好。业绩不仅决定个人的收入，还决定一个人一生的高度和存在的价值！只有努力去创造业绩，才能在激烈的职场竞争中立足，并彰显自身的价值。

在职场中，业绩是衡量人的才干的标准。俗话说得好，不要听一个人所说的，而要看一个人所做的。业绩是检验员工优劣的标准，是证明员工能力的尺度。员工是否优秀，关键是要看他所创造的业绩。企业要赢得核心竞争力，要的也是业绩，而业绩的实现要通过员工的努力来实现。

一位曾在外企供职多年的人力资源总监颇有感触地说："所有企业的管理者和老板，只认一样东西，那就是业绩。老板给我高薪，凭什么呢？最根本的就要看我所做的事情，能在市场上产生多大的业绩。现在就是一个以业绩论英雄的时代。"

不管你在公司的地位如何，不管你的长相如何，不管你的学历如何，要想在公司里发展，实现自己的目标，就需要有业绩。只要你能创造业绩，就能得到老板的器重，得到晋升的机会。因为你创造的业绩是公司发展的决定性条件。

在日本，有一个名叫源太郎的工人失业了。一个偶然的机会，他从一位美国军官那里学会了擦鞋，很快就迷上了这种工作，只要听说哪里有好的擦鞋匠，他就千方百计地赶去请教。源太郎的技艺越来越精，他的擦鞋方法别具一格：不用鞋刷，而用木棉布绕在右手食指和中指上，鞋油也自行调制。那些失去光泽的旧皮鞋，经过他匠心独具的擦拭，无不焕然一新，光可鉴人，光泽可保持一周以上。凭着高深的职业素养，源太郎与人擦肩而过时，便能知道对方穿何种鞋。从鞋的磨损部位，他可以说出这人的健康状况和生活习惯。

源太郎的精湛技艺，打动了东京一家四星级酒店，他们将源太郎请到饭店，为饭店的顾客擦鞋。自从源太郎来到这里后，演艺界的明星一到东京便非这家酒店不住，明星们对此情有独钟的原因非常简单，就是享受该店擦鞋的“五星级服务”。当他们穿着焕然一新的皮鞋翩然而去时，心中深深记下了源太郎的名字。

源太郎炉火纯青的技术、一丝不苟的精神和非同凡响的效果，为他赢得了众多顾客的青睐。源太郎成了这家酒店的一块金字招牌，同时，他也为自己创造出了辉煌的业绩。

在市场竞争如此激烈的今天，老板首先考虑的是公司的生存与发展，高帽戴着再舒服，也比不上公司利润的增长。因此，老板心中分数最高的职员，一定是那些业绩斐然的员工。

一个成功老板的背后，必定有一群能力卓越、业绩突出的员工。如果你在工作的每一阶段，都能取得非凡的业绩，你就能提升自己在老板心目中的地位，你将会被提拔，会被委以重任，因为出色的业绩，已使你变成一位不可替代的重要人物。

老板希望自己的员工能创造出业绩，不希望看到员工工作卖力却成效甚微。即使你费尽了全部气力，做不出一点实绩，也是没有用的。任何一位有进取心的老板都希望自己的员工能干且会干，如果自己的员工是平庸之辈，那么老板肯定会倍感苦恼。

在公司最需要人才的时候，如果有稳健果断、效率很高的员工，使公司的业绩一下子得到提高，老板理所当然会任用这样的员工去完成艰巨的任务，重用和提拔他们。

纽约首屈一指的毛织物批发商达勒·柯姆，雇用了一位叫乔瑟夫的青年。乔瑟夫每天早晨六点钟要到富兰克林街的办公室，在七点半办事员到来之前把办公室打扫整理好。除此之外，他一整天都要为一位患慢性胃病的董事不断地送热水。

当乔瑟夫的周薪被调整到五美金的时候，他毅然申请到外面去推销毛织物，尽管他年轻且身体弱小，但他还是决定为自己争取一次尝试的机会。

有一天，风雪袭击纽约，在这场灾难刚过不久，一般的推销员在中午时都会赶回富兰克林街的办公室，争先恐后地靠到火炉旁，尽兴地聊天。到了下午，被冻僵的乔瑟夫摇晃着走进了办公室。面对资深推销员的讽刺，乔瑟夫说："我把今天应做的工作全做了。像这样的风雪天气，我更加勤奋，而且这样的日子，不会有竞争的对手，所以我给客人们看了更多的样本，今天获得了43件订货。"

乔瑟夫很快被提升为正式的推销员，薪水得到了增加。乔瑟夫用自己的业绩获得了老板的重用，实现了自己的理想。

业绩是检验一切的标准，能带来业绩的员工是公司最宝贵的财产。一个企业要想长期发展，仅依靠员工的忠诚是不够的。如果只有忠诚，而无业绩可言，尽忠一辈子也不会有什么起色，再有耐心的老板，也难容忍一个长期无业绩的员工。

所以说，职场业绩决定个人价值，无论你身在多么平凡的工作岗位，都应该用心去做，用实际行动取得令人瞩目的业绩。这样，才能证明自己的能力，才能成就一番事业。

2

功劳往往更重于苦劳

世界上所有成功的企业,都把注重业绩作为自己企业文化的重要组成部分,把业绩观作为衡量员工素质的重要标准之一。没有功劳就没有效益,没有利润企业就要倒闭。市场不相信眼泪,不相信苦劳,只相信功劳。功劳是有效的业绩,苦劳是无效的消耗。只有重视功劳、结果、绩效的员工,才能为企业带来利润,解决难题,推动企业不断往前发展。

同一件工作,不同的人来进行处理,就会有不同的过程。有的人能在很短的时间内完成任务,有的人却要花费很长时间才能完成。在这种前提下,只有将工作完成得又快又好的人才能获得更高的奖赏与表彰。作为企业员工,我们必须牢记企业需要的是效率与效益都高人一等的人才,而不是那种拖拖拉拉、得过且过的"双低员工"。效益是企业赖以生存的第一要素,作为企业员工,只有创造更大的效益,才能获得更大的回报。

某公司曾发生过这样一件事:

有一段时期,公司领导出于工作需要,打算提拔一个年轻的员工担任区域主管。消息传出后,作为一名在公司工作多年的老员工老刘,心中不服,颇为抱怨,他找到公司领导说:"我在公司勤勤恳恳工作了这么多年,难道我还没有他对企业的贡献大吗?他才来公司不到一年啊!"

公司领导当时问他:"你是怎么工作的?你虽然工作很勤奋,也没有犯过错误,但你做事太中规中矩,工作一点创新都没有,业绩从来没有进入过前十名。而他从一进入公司开始就敢于打破常规,很有魄力的调整了辖区销售渠道策略,建立了全新的营销网络,业绩也一直稳居前三名,对那些向他请教经验的同事,他从来都是悉心传授,一点也不像你那样保守,在他的影响下，销售人员你追我赶，公司业绩不断攀升。”

这件事给员工老刘很大的触动，让他明白了一个道理，那就是企业是一个只讲功劳，不讲苦劳的地方，只有实实在在的业绩才能证明一个人的价值。如果业绩不突出，你对企业的贡献就无从谈起，让领导拿什么理由重用你？

在市场经济的新时代，只是像“老黄牛”那样低头做事是不够的，“老黄牛”还得插上效率和效益的翅膀！没有效率的忙是穷忙、瞎忙，是“白折腾”！

某领导安排同样性质的事情给两位员工去做，其中的一位每天提早上班，推迟下班，连星期六、星期天都不休息，做得心力交瘁，愁眉苦脸。但是，由于他没有达到要求，领导对他总是很不满意，甚至对他还严加批评。另外一位员工，从不需加班加点，只是每天把该做的事情都做好，每天报告给领导的都是好的进度与消息，领导对他总是笑脸相迎，经常表扬，最后还把他提拔到高位。

为什么会这样呢？是老总偏心，不欣赏苦干的员工，而只是欣赏“讨巧”的员工吗？不是！这样的现象，在20年前可能不明显，甚至第一种员工可能得到表扬，但是在当代社会，领导重视能出业绩的员工的情况越来越普遍了。如今是市场经济的新时代，那些光知道苦干、穷忙的人，越来越得不到认可。社会正越来越认可一个新的理念：做任何事情都要讲究效率和效益！

不仅要努力做事，更要做成事！

联想集团有个很有名的理念：“不重过程重结果，不重苦劳重功劳。”这是写在《联想文化手册》中的核心理念之一。在这个手册中，还明确记录道：这个理念，是联想公司成立半年之后，开始格外强调的。联想为何在这一时期会如此强调这一理念呢？

联想的创始人柳传志先生曾经在一个电视谈话节目里，谈到了联想在刚刚创业时期的一段经历，对我们应该有足够的启示。

柳传志告诉观众：联想刚刚成立时，只有几十万元，却由于过于轻信人，被人骗走了一大半。这一来，使公司元气大伤，甚至逼得员工要去卖蔬菜来挽回损失。毫无疑问，刚刚创业时候

的联想，大家都有对事业拼命的干劲和热情。但是，光有干劲和热情，并不能保证财富增加与事业的成功。不仅如此，商场如战场，光有善良、热情、好心等品质，如果缺乏智慧和方法，就可能给企业造成巨大的损失！

创业时就那么一点点的资金，如果没有用好，公司就有可能夭折、破产！这时，只是强调繁忙、勤奋、卖命、辛苦等，已经没有太多的意义。

经过了这一教训，联想后来做事不仅越来越冷静、踏实，而且特别重视策略和方法。联想从成立到如今，已经由几个下海的知识分子组成的小公司，变成了一家享誉海内外的高科技公司。它之所以在后来有如此大的发展，毫无疑问与这个核心理念密切相关。

以往我们经常听到某些人讲“没有功劳也有苦劳。”苦劳固然使人感动，但在新的历史形势下，只有不断创造功劳的人，才有更好的发展。

怎样才能让自己不断地创造功劳呢？曾有一位著名的商界精英，工作效率奇高，他的工作经验值得我们借鉴。

每个工作日开始做的第一件事，就是将当天要做的事分为三类：第一类是所有能够带来新生意、增加营业额的工作；第二类是为了维持现有状态，或使现有状态能够持续下去的一切工作；第三类则包括所有必须去做，但对企业和利润没有任何价值的工作。

在完成所有第一类工作之前，他绝不会开始第二类工作。在完成第二类工作之前，也绝不会着手进行任何第三类的工作。

他还要求自己：“你必须坚持养成一种习惯：任何一件事都必须在规定好的几分钟、一天或一个星期内完成，每件事都必须有一个期限。如果坚持这么做，你就会努力赶上期限，而不是无休止地拖下去。”

这位商界精英的现身说法，讲述了分秒必争，期限紧缩的真正价值。在我们这个时代，多的是“忙人”。他们每天在急急忙忙地上班，急急忙忙地说话、急急忙忙地做事，可到月底一盘算，却发现自己并没有做成几件像样的事情。他们往往以一个“忙”字作为自己努力的漂亮外衣。却没有想到，这种忙，只能是穷忙、瞎忙，没有给自己和单位带来效益。

做一个凡事讲究结果和功劳的人吧，这样，你才会赢得最快速度的发展，并得到最大的认可与回报。

3

停止抱怨，用业绩说话

工作中，我们总能听到这样或那样的抱怨，他们总把失败的原因归到公司和老板身上，往往抱怨自己的机会少、怀才不遇，甚至是命运不公，却从不在自己的身上找原因。一味地怨天尤人，牢骚满腹，只会让成功离自己越来越远。

其实，这些抱怨都是毫无意义的，懂得在职场只有用业绩说话的员工，是从来不会去抱怨他人或抱怨公司的。

有些刚进入社会的年轻人，对自己抱有很高的期望，认为以自己的学识和才干，应从事些体面的工作，并得到重视。但由于缺乏工作经验，无法被委以重任，工作自然不够体面。当被要求做具体工作时，他们便开始抱怨起来，对工作丧失了起码的责任心，不愿意投入全部力量。长此以往，抱怨、嘲弄、吹毛求疵的恶习，将他们的才华和智慧悉数吞噬，使之根本无法独立工作，成为没有任何价值的员工。

如果一个人以敷衍的态度对待工作，不停地抱怨工作的劳碌辛苦，不采取实际行动去改变现状，那么他就会被抱怨束缚，在任何公司里都会自毁前程。

"世界第一 CEO"韦尔奇曾说："与其抱怨，不如负责来做。所谓负责，更多的是一种工作态度，一种被社会现实打磨出来的直面现实的积极心态。"

韦尔奇作为一名出色的工程师在GE工作一年后，发现办公室中几个人的薪水居然完全一样。他有无数的理由认为，他应该比其他人挣得多。他认为公司在员工的薪水问题上应该区别对待，公司这种做法是一种官僚作风。韦尔奇开始萎靡不振，终日牢骚满腹，无心工作。

一天，时任GE新化学开发部主管的鲁本·加托夫将韦尔奇叫到自己的办公室，语重心长地对韦尔奇说：“你来GE虽然只有一年时间，但我很欣赏你的才华与工作热情。韦尔奇，以后的路还长着呢，对你个人而言，整日抱怨，无心工作，只会浪费了GE这个大舞台，难道你不希望有一天能站到这个大舞台的中央吗？”

这次谈话被韦尔奇称为是改变命运的一次谈话，后来当上执行总裁的韦尔奇一直尊称加托夫为恩师。韦尔奇此时想要做的是停止抱怨，争取尽快脱颖而出，让自己有新的根本性改变。

韦尔奇所在的实验项目的聚合物产品生产经理鲍勃·芬霍尔特因成绩突出被提升到总部，这样经理的职位就空缺了下来，这个富有挑战性的职位对韦尔奇来说太有诱惑力了。

“为什么不让我试试鲍勃的位置？”韦尔奇谈到了自己的资历、看市场的眼光、对人和工作的态度，试图说服加托夫。

加托夫似乎明白韦尔奇是多么需要用这份工作来证明自己能为公司做些什么，他对韦尔奇大声说道：“你是我认识的下属中第一个向我要职位的人，我会记住你的。”

在随后的几天里，韦尔奇不断给加托夫打电话，列出一些他适合这个职位的其他原因。一个星期后，加托夫打来电话，告诉他，他已被提升为塑料部门主管聚合物产品生产的经理。

此后，经过很多年的持续努力，韦尔奇凭借自己对公司的卓越贡献，最终站到了董事长兼最高执行官的位置上，站到了GE大舞台的中央。

身在职场，我们必须勇于接受并且尊重这样一个现实：业绩对员工和公司的重要性不言而喻。企业要蒸蒸日上需要好业绩，员工实现价值也需要好业绩。即使员工每天努力地工作，但如果没有业绩，公司不赚钱，公司又拿什么给员工发工资呢？所以说，没有业绩一切都是空谈，没有业绩你再多的抱怨也没有用。

一个能力卓越的员工懂得职场的“务实”之道，那就是用自己的本事，“真枪真刀”地作出实质性业绩，只有这样，才可能得到更多的薪水，自己的职场之路也会越走越宽。这不仅是员工的基本职业道德，也是企业对我们的要求。

文宇是深圳一家合资企业的中方管理人员，他年纪轻轻就已经拿到了工商管理专业的硕士学位，并且还兼修着一门在职课程。这家合资企业也正是因为文宇拥有高学历，招聘时才给出了比一般管理人员高出一倍多的工资，并正式写进了用工合同。

但时间一长，无论是公司高层还是部门经理都慢慢发现，文宇只是在协作性事务、或是说参与性事务中发挥些作用，一旦让他独立进行一些创造性的工作，文宇就显得有些吃力。在平时的业务处理上，文宇的做法也显得过于理想化和理论化，照本宣科的多，创新拓展的少。

到了月底，当他从财务部拿到用信封装着的工资，看到工资条上写着“2000”，感到非常意外。按照他的算法，自己的工资至少不会低于4000元。他感觉自己受到了“嘲弄”，受到了“欺骗”。

他径直去了董事长办公室，把工资条放到办公桌上，道出自己的想法。听完他的话，董事长把工资条拿到手中说道：“公司的员工手册写得很清楚，有多大能力做多大事、拿多高的工资。公司把你招进来，就是看重你的学历，以为你拥有与学历对应的高能力，但就你这个月的工作业绩来看，你还没达到公司的要求。其实，年轻人，你应该知道，文凭只是进入职场的敲门砖，但不是你的定盘星。按照你现在的能力和工作成绩，只能拿到这样的薪水。”

文宇的经历告诉我们：一个“满腹经纶”的人未必比“能力为上”的人更具有生存优势，因为停留学历上的知识如果不能迅速转化为创造力、开拓力等适合职场环境的“硬通货”——工作能力，那么所谓学历也只不过是中看不中用的"花瓶"罢了。正是由于这个原因，"花瓶式员工"只能停留在低薪岗位上，每月只能领取基本工资，高额的奖金和绩效工资与他们无缘。如果你不能快速转变"学历为上"的错误观念，不在增强工作能力上下工夫，而是整天抱怨这抱怨那，可能连基本的工资都拿不到。

一位地板企业的老总说得更加透彻："你不为老板创造价值，老板拿什么给你作为报酬？多劳多得，少劳多失，永远是这个社会的真理。"

从现在起，你要想成为一个效益员工，要想实现你梦寐以求的生活，就不要再抱怨了。对于成功者来说，世界上不存在绝对的好时机，不存在厄运笼罩的日子。他们相信所有的机会、好运都是通过自己的行动争取而来的。

4 不要借口，只要结果

有人说：企业靠结果生存，个人也要靠结果发展。没有结果的努力，是无用功。

这句话说得很精辟。试想想，一旦你进入公司开始工作，就意味着你每天都要用结果来获得报酬，也要用结果来证明自己的价值。结果怎样，与他人无关，但却决定了你是不是一个合格的员工或合格的管理者，决定了你是不是真正地对企业、对自己有价值！结果的叠加，成就了你的人生价值。

为什么无数的人都拥有卓越的智慧，却只有少数人获得了成功？为什么无数的公司都拥有伟大的构想，却只有少数公司获得成功？想一想小时候一起长大的朋友，现在的命运为什么不一样？

答案是：结果改变命运，结果的积累成就人生！

所谓结果，说白了就是一个人所创造的业绩。企业需要的是能创造出业绩的“能力型”员工，获取高利润是企业一切行为的出发点和落脚点。市场的压力和竞争的加剧，让企业走出了唯学历是举的错误用人观念，重新将视线锁定在员工适应岗位、做出业绩的能力上。这种能力决定企业的生存和员工的发展。

林峰是一家汽车修理厂的技工，虽然只有中专学历，但他的技术非常全面，在路上跑的车没有他不会修的。

一次，一个老板模样的人开着一辆黑色保时捷来到修理厂，说自己这辆车已经大修过三次了，花了近7000块钱，但发动机出怪声的毛病始终没有解决，他的朋友笑话他开了一辆患哮喘病的公牛。

林峰查看了一下车况，发动引擎，打开前盖，就在修理厂经理和顾客说话的工夫，他已经把盖子放下，拍着手对他们说：“好了！”

顾客不敢相信自己的耳朵，但发动机的杂音的确是没了。他感慨地说，为了这事，他不知道跑了多少冤枉路，花了多少冤枉时间。这下好了，心中的石头终于落下了。过了一段时间，经常有开着各种高档车的人来修理厂来修车，一问原来是那个保时捷车主介绍来的。

由于林峰出色的工作表现，经理不仅给他加了工资，还准备提升他做检测班主管。

林峰的经历充分说明，在竞争激烈的市场环境下，一个人能否在企业立足，靠的就是他的卓越能力，是他创造的业绩，是结果，而不是借口。那位顾客的车跑了多个地方都没修好，林峰完全可以在困难面前找个借口退缩，但他没有这样做，而是迎难而上，认真检查，凭借自己过硬的维修技术“一举拿下”。只有具备卓越能力的员工才能为企业创造出好的“结果”，有了好的结果你才能获得高薪水。无论任何时候，结果都是你安身立命的“法宝”，是你在竞争激烈的职场中脱颖而出的“杀手锏”。

这个社会是靠本事吃饭、凭能力说话的，能力平平者，与高薪无缘。很多员工在工作中力气没少花，脑筋没少动，但薪水没见涨——因为没有业绩没有结果。“两手空空”的员工还能拿什么要求企业增加薪水呢？提高自己的工资待遇，增加自己的资金福利，是每个员工都渴望的事情，但是光“渴望”是不可能实现这一目标的，因为天上是不会掉馅饼的，你只有创造出业绩来，“美梦”才能成真。

有时候，完成任务不等于有结果。为什么这样说呢？大家都知道小和尚撞钟的故事。小和尚撞钟虽然很准时，也很响亮，但为什么却说小和尚不能胜任撞钟一职？因为撞钟的最终结果是是唤醒沉迷的众生，而小和尚只管钟响，却从来也不想撞钟的最终目的。要唤醒众生，首先是真正地用心去撞，钟声不仅要洪亮，而且要圆润、浑厚、深沉、悠远。

由此看来，完成任务和获得结果，有着很大的差别。问题的关键是我们工作时有没有把重点放到结果上，有没有执著地去办。我们都在工作，但企业却没有拿到结果，导致产量下降，质量波动，没有业绩。于是我们困惑，为什么我们完成了工作任务，还会出现问题？所以说，完成任务不等于有结果。

总之，员工要生存，只能靠结果，不靠借口。在职场只要求结果，我们要靠结果生存，我们不能靠借口生存，没有结果，我们就不能生存，这是硬道理。

5 提升业绩需要“以脚做梦”

什么叫“以脚做梦”？励志专家的解释是：做梦可以做得十分辉煌，但是，实现梦想却要脚踏实地，从最卑微、最基本的做起。也就是说，梦要用脑想，更要用脚走！唯有脚踏实地的行动，才能使梦想成真！

谁不想获得出色的成绩？谁不想在单位里脱颖而出？许多人都有追求、有理想，但是，如果只让自己的追求停留在梦想的层次，最后的结果，不过是黄粱美梦。与此相反,有的人却总是让自己的每一个追求,通过踏踏实实的行动来实现,最终将许多人看来不可能实现的梦想,变为了现实。

在其他人的想法或创意获得成功时,你有没有过这样的感触?——我也曾经这样想过,只是由于这样那样的原因放弃了。没料到,一件本该由我去做的事却被他做成了。为什么会这样呢?答案很简单:当你有了一个好的理念,就该立即付诸行动。否则,梦想就只是脑袋中的东西。

近些年来,随着高学历人才加盟企业的越来越多,逐渐出现了一种现象,就是企业里干活最多的、业绩最突出的往往是那些学历不高的人。为什么会这样呢?因为那些研究生、博士生总是觉得自己高人一等,放不下脸面去做小事儿。可企业哪一份成绩不是一点一滴地积累起来的呢?世上根本不存在空中楼阁,如果不能用业绩证明自己的存在价值就会被淘汰。这也可以解释,为什么有的公司在招聘中明确高学分的优等生不在录用之列。人在职场,懂得"以脚做梦"的员工会经常询问自己:"我是谁?我在企业存在的意义是什么?"摆平心态,以对企业、对自己高度负责的态度做自己的工作。

要做到"以脚做梦",除了心态好以外,还要注意创造业绩的方法和环境。一个对公司敬业、对岗位负责、目标远大的人,如果不掌握先进的、科学的方法,同样无法创造优秀的业绩。想找到好的方法,必须深刻剖析自己的优缺点,同时注意在工作中的总结分析,还要学会将自己的目标融入到企业的发展目标中。通过总结分析,可以发现许多工作思路和方法上的不足,可以找到许多更好的工作方法。因为企业在需要员工为其做出贡献的同时,也会为员工个人目标的实现提供良好的环境。

其实,"以脚做梦"的精神就是吃苦耐劳的精神。现在有些年轻人,刚到企业工作时决心很大,可到最后总是有一部分人被淘汰。为什么?关键是因为被淘汰的这部分人缺乏一种吃苦的精神。工作确实很辛苦,但美好的生活是靠我们用双手劳动去争取的,付出多少,就会有多少收获。

香港商人李嘉诚,被美国时代杂志评选为全球最具影响力的25位企业界领袖之一,同时他也是香港历史上的千亿富翁。他所建立的长江实业为香港第一大企业集团,其成功离不开"以脚做梦"即吃苦耐劳的精神。

李嘉诚幼年丧父，家庭的重担就由他一肩扛起，那个时候他才14岁，正是一般青少年求学的黄金岁月。本应无忧无虑的生活，却因残酷的现实使他不得不选择辍学。他好不容易，终于在港岛西营盘的春茗茶楼找到一份做服务生的工作。每天凌晨五点左右，一般人都还在睡梦中，他就必须提起精神从温暖的被窝中爬起，赶到茶楼去准备茶水及茶点。他每天的工作时间长达15小时以上，生活简直就是一场苛刻的考验与磨炼。

舅父非常疼爱李嘉诚，为了能够让他准时上班，舅父买了一只小闹钟送给他。李嘉诚把闹钟调快了十分钟，以便能最早一个赶到茶楼开门工作。茶楼的老板对他吃苦肯干的精神深为赞赏，所以，李嘉诚就成为茶楼中加薪最快的一位员工。

曾有人问李嘉诚的成功秘诀。李嘉诚讲了一个故事：日本“推销之神”原一平在69岁时的一次演讲会上时，有人问他推销的秘诀是什么，他当场脱掉鞋袜，将提问者请上讲台，说：“请你摸摸我的脚板。”提问者摸了摸，十分惊讶地说：“你脚底的老茧好厚啊！”原一平说：“因为我走的路比别人多，跑得比别人勤。”提问者略一沉思，顿然醒悟。

李嘉诚讲完故事后，微笑着说：“我没有资格让你来摸我的脚板，但可以告诉你，我脚底的老茧也很厚。”

“吃得苦中苦，方为人上人。”懂得了“以脚做梦”，才能带给公司利润的增长，带给自己宝贵的知识、技能、经验，还有财富。人生中任何一种成功都不是唾手可得的，不能吃苦，不肯吃苦，是不可能获得任何成功的。

6

用细节筑起业绩的大坝

一个人能否成就卓越，常常取决于他做事是否能精益求精，其中自然也包括那些再平凡不过的小事。所以在工作中，哪怕事情再微不足道，你也要认认真真地把它做好。能做到最好，就必须做到最好，能完成100%，就绝不只做99%。

希尔顿饭店的创始人康·尼·希尔顿曾对他的员工说："大家牢记，万万不要把忧愁摆在脸上！无论饭店本身遭到何等的困难，大家都必须从这件小事做起，让自己的脸上永远充满微笑。这样，才会受到顾客的青睐！"正是这小小的微笑，让希尔顿饭店遍布世界各地。

在工作中，对平凡的小事，不要敷衍了事。你应该像做重要的事一样认真对待，细心、扎实地处理好每一个环节和细节，一丝不苟地去完成它。只有这样，你才能借助"平凡小事"的力量推进工作进度，做出不平凡的业绩。

现代职场的成败，很大程度上是由细节决定的细节以各种方式影响着我们的工作和生活，对工作中的细节和生活中的小节，我们没有理由不重视。考虑细节、注重细节的人，不仅能认真对待工作，将小事做细，而且注重从细节中找到机会。

工作中的细节看上去毫不引人注意，但却是检验一个人工作态度的最好方面。能认真对待工作中的每个细节，将工作做到尽善尽美，正是这样的工作态度，使他们获得了成长和发展的机会。在工作中，我们不妨从细节着手，完善每个细节，向细节要业绩。

东京一家贸易公司的职员伊川杏子专门负责为客商购买车票，她常给德国一家大公司的商务经理购买来往于东京、大阪之间的火车票。

这位经理发现：他每次去大阪时，座位总在右窗边，而返回东京时又总在左窗边。于是，便询问其中的缘故。

伊川杏子笑着回答：“车开往大阪时，富士山在您右边，返回东京时，富士山到了您的左边。我想外国人都喜欢富士山的壮丽景色，所以我替您买了不同的车票。”

这位德国经理听后十分感动，深深折服于这家公司职员注重细节的精神，他很快把与这家日本公司的贸易额由400万马克提高到1200万马克。他认为，在这样微不足道的小事上，这家公司的职员都能想得这么周到，那么，跟他们做生意还有什么不放心的呢？

伊川杏子的成功在于注重细节，把小事做得很出色。这不仅给公司带来了大笔的生意，也为她自己创造了非凡的业绩，并为今后的发展创造了机会。

在讲究精细化的时代，细节往往能反映出你的专业水准和内在素质。当天平处于平衡状态时，一方加入再小的砝码也会使之倾斜。当你与别人的实力不分伯仲时，在细节上下工夫就成了决定成败的关键。

平时，我们在接到一项任务时，千万不要轻视其中的细节，你要把它看成一件重要的大事。这样，你才会真正重视它，并开动脑筋、发挥潜力做好它。事实上，要做到这一点并不容易，你需要时时提醒自己：“别看它简单、不起眼，对整项任务能否顺利完成却起着至关重要的作用。”做不好它，你就不可能高质量地完成任务。

工作中做好小事还可以折射出你的综合素质，以及你区别于他人的特点。从小事中见精神，得到认可，“以小见大”、“见微知著”，赢得了单位的信任，单位才会把大事、要事交给你办。假如你不屑于做小事，单位怎么知道你有能力，以及有多大的能力？可能你有学历，是博士、是硕士，但这仅仅表明你有做好事情的储备和可能，并不代表你真能把事情真的做好。

在职场上，与其浑浑噩噩浪费时间，不如从你经手的每一件琐事、每一件小事中得到成长。

说起首都公交，人们总会想到李素丽。今天的李素丽在忙什么呢？

1999年12月10日，伴随着公交李素丽服务热线的开通，37岁的李素丽作为“公交品牌”调入服务热线任负责人。

在“96166”热线，李素丽就是业务的标杆。她虽然走上管理岗位，但注重细节的习惯却一直保持着。在她的带领下，热线所有工作人员出门都养成了一个习惯，兜里装着纸和笔，不论走到哪里，都将附近的单位、胡同、公交线路记在本子上。“出门就是走线，逛街也要留意。”

李素丽自己带头，为所有接线员规定了几条服务忌语：“不知道，不能，不管。”她还教导接线员要微笑服务。现在，每个热线工作人员面前都放着一个镜子，镜子上写着“今天你微笑了吗”。

从一路车到一条线，从售票员到负责人，李素丽成功实现了角色的转换。她坚持在年轻售票员中“带徒弟”，一有时间，经常亲自带着徒弟来到车厢内，认真做好每一件小事，进行车厢服务示范和辅导。李素丽说，要通过“师傅带徒弟”这种最传统的方式，把“一心为乘客，服务最光荣”的公交传统传承下去，必须注重每一个细节，因为只有用细节才能筑起业绩的大坝。

服务热线里个个都是“李素丽”，多人被授予全国和北京市的荣誉称号。“96166热线”也先后被授予“全国巾帼文明示范岗”、“首都劳动奖状”、“全国青年文明号”、“北京市劳模集体”等荣誉。

李素丽的故事给我们的启示是：完美就隐匿于不易察觉的细节之中。因此，当我们已经有了前进的方向，在规划线路和行动时，一定要做好每一个细节。

工作中要注意的细节很多，比较容易忽视的有以下几点：

(1)保持整洁

如果你的办公桌上堆满了信件、报告、备忘录之类的东西，很容易使人觉得你是个混乱 的人。更糟的是，这种情形也会让你自己觉得有堆积如山的工作要做，可又毫无头绪，根本没时间做完。零乱的办公桌无形中会加重你的工作任务，冲淡你的工作热情。

一位成功学家说：“一个书桌上堆满了文件的人，若能把他的桌子清理一下，留下手边待处理的一些工作，就会发现他的工作更容易些。这是提高工作效率和办公室工作质量的第一步。”因此，要想高效率地完成工作任务，首先就必须保持办公环境的整洁有序。

(2)重视请假

不要随便请假，这样既会让老板反感，也会影响工作进度，很有可能导致任务逾期不能完成。即使你认为工作效率较高，认为耽误一两天也不会影响工作进度，那也不能轻易请假，因为你身处的是一个合作的环境，你的缺席很可能会给其他同事造成不便，影响其他人的工作进度。所以不要随便请假，更不要因为逃避繁重的工作或无关紧要的小事情请假。在公司里，有很多人一旦所负的责任较平时重，便会产生逃避心态。这可以理解但绝不支持。更大的责任是提升一个人工作能力的绝佳机会，抓住它，你的业绩就会更上一层楼。

(3)杜绝私事

在办公室里干私活是不对的。一方面因为工作时间内，公司的一切人力、物力资源，仅属于公司所有，只有公司方可使用。任何私事都不要在上班时间做，更不能私自使用公司的财物。另一方面，就员工个人而言，利用上班时间处理个人私事或闲聊，会分散注意力，降低工作效率，影响工作进度，造成任务逾期不能完成。所以把办公时间全部用在工作任务上，是必要的，也是必须的。

工作无小事，平凡之中见精神。实际工作中的每一件小事都值得我们认真去做。即使是最普通的小事，也应该付出我们的热情和努力，全力以赴，尽职尽责地去完成。

第五章

忠诚敬业，摒弃“乱折腾”

在工作中，如果你总是能够忠诚敬业，那么你的老板自然会愿意将那些重要的任务放心地交给你去处理。而如果你每次都对自己的工作三心二意、敷衍了事，就等于是在拿自己的明天、自己的未来作赌注，因为所有功成名就都是踏踏实实地干出来的，而不是胡乱折腾出来的。不要被眼前的那点微不足道的利益蒙蔽，对企业忠诚，对工作敬业，才能稳健地走好自己的职场之路。

1

糊弄老板就是糊弄自己

有一种很普遍的现象：每天走进办公室，很多人想的不是如何更好地完成工作，而是如何处心积虑地去糊弄老板，敷衍工作，能少干一份，绝不多干一份。“给多少钱，就干多少事”是这类人的共同心态。他们自以为很聪明，马马虎虎应付完每一天的工作，常常暗自窃喜。殊不知，他们这样糊弄老板，其实是在糊弄自己。

在工作中，当你的老板偶尔表现出软弱或某一方面的欠缺时，你千万不要恣肆妄为，以为老板是“低能儿”，而不尊重他。其实，他既然能成为你的老板，就说明他有足够的能力和资本来领导你，不然，他怎么能走上“老板”这条路？

某公司换了一位老板，谁也不认识。因此，公司的员工们为了在新老板面前留下良好的第一印象，便个个按时上班，且都认真负责地做工作，显得特别卖力。

然而，令所有员工不解的是，新老板就像根本没看到员工们在努力工作一样，每天一成不变地朝每位员工点头微笑，却不对任何一位员工的所作所为发表只言片语的评价，更让员工们吃惊的是，老板有时整天待在办公室里，根本不和任何员工打照面。

如此过了一段时间后，员工们绷紧的神经开始松懈下来，一些员工的“老毛病”又犯了，要么溜出公司去喝一杯咖啡，要么是在网上尽情地和网友聊天，甚至有人说：“新老板是个没有魄力之人，不用担心他会对我们怎么样。”

正在这时，新老板却突然大显其魄力，他毫不手软地裁掉了那些终日闲荡、不把工作当回事的员工，但也把一些一直兢兢业业在岗位上工作的员工升了职。新老板此举如“雷霆之怒”，一下就震慑住了许多在心里小瞧他的员工。员工们不得不佩服自己的老板，并明白了这样一个道理：老板就是老板，他也和普通人一样，不可欺，不能糊弄！尊重老板，是你唯一的选择！

无论在什么地方，那些糊弄老板的人往往都没有好结果，最终都将扫地出门。对于一个企业来说，拥有优秀的员工，企业的发展才能蒸蒸日上。如果公司内有太多的“糊弄老板的员工”而不及时剔除的话，就像一个烂苹果会迅速使箱子里的其他苹果也腐烂掉一样，他们也会使企业慢慢垮掉。

每个老板都是不容易糊弄的，他们是不会容忍那些只知拿薪水，却对工作不负责任的员工的。更何况企业之间的竞争越来越激烈，只要员工在工作中有一丁点儿不负责任，都有可能导致整个企业蒙受巨大损失。

有一名编辑，在县报干了 10 年，仍然是个编辑。后来报社精简人员，他被迫另谋职业，到省城的一家媒体工作，只 3 年，他便成了编辑部主任。

为什么会这样呢？原来他在县报时，单位规定：如果出了差错，错一个字扣 3 元，事实性差错扣 5 元，即使把领导职务排错，最多只扣 50 元。他觉得扣这点小钱无所谓，有好几次明明出错了他还瞒着领导。但省报比县报要求严格：错一个字扣 50 元，事实性差错扣 300 元，如果出现领导职务排错，那么就不是用钱可以惩罚的了。他在省报每出一次差错，不仅扣钱，还要遭到老板的一顿臭骂。在巨大的压力下，他再不敢糊弄老板敷衍工作。在此后的新闻编辑过程中，他再也没有出现差错。

作为一名员工，应该做的事情一定要保质保量完成。不要以为自己不做会有人来做，也不要以为自己的不负责任不会被老板发现，更不要只注意数量而不在意质量，潦潦草草地完成任务。

或许你会说，这不是我的职责范畴，这是老板的事，我瞎操什么心呀。如果总是抱着这样的想法，不管你的工作条件多么好，离成功都会很远。

有一句话想必大家都知道:“今天工作不努力,明天努力找工作。”其实我们也可以这样说:“今天你糊弄老板,明天老板就会让你付出代价。”如果今天你对工作完全不负责任,处理事情漏洞百出,那么明天你很可能成为公司的裁员对象。

看起来很有希望成功的人很多,但是,他们最终并没有成功。原因何在呢?其实,并不是因为他们没才华或是不聪明。世界上绝顶聪明的人很少,绝对愚笨的人也不多,一般人都具有正常的能力与智慧。但是,为什么许多人无法取得成功呢?

一个最重要的原因在于他们糊弄老板,敷衍工作,不愿意付出与成功相对应的努力。他们希望到达辉煌的顶峰,却不愿意经历艰难的道路;他们渴望取得胜利,却不愿意做出牺牲。糊弄工作,投机取巧成了一种普遍的社会心态,而成功者的秘诀就在于他们能够摒弃这种心态。

由此可见,老板跟你站在同一条战壕,坐在同一条船上,老板的生意兴隆你才会有发展,踏实做好自己的事,莫糊弄别人,也莫糊弄自己。

2

折腾现在就是折腾未来

工作对于每个人来说,都是一件极具价值、意义非凡的事情。工作不仅仅是为了老板,更是为了自身的生存、发展与成功。如果总折腾工作,就不可能有发展和成功。所以,要珍惜现在,把握现在,而不能折腾现在,你如果折腾现在就是在折腾未来。

未来是美好的,但要靠现在来把握,如果不懂得把握现在,看不到现在的价值,而去乱折腾,到头来你的未来必然不尽如人意。

有一个叫桑亚迪的人,他大学毕业时决定在加州扎根并做

出一番事业来。他学的是建筑设计,本来毕业时是和一家著名的建筑设计院签订了工作意向的,但由于那家设计院在外地,桑亚迪未经考虑就决定不去了。事实上,如果桑亚迪去了,他会受到系统的专业学习和锻炼,并将一直沿着建筑设计的路子走下去。可是一想到会几十年在一个不变的环境里工作,或许永远没有出头之日,这点让桑亚迪彻底断了去那里工作的念头。

桑亚迪在加州找了几家建筑公司,大公司不要没有经验、刚出校门的学生,小公司桑亚迪又看不上,无奈只好转行,到一家贸易公司做市场。一段时间后,由于业绩得不到提高,身心疲惫的桑亚迪对工作产生了厌倦情绪。但心高气傲的他觉得如果自己单干肯定会更好,于是他联系了几个朋友一起做建材生意。本以为自己是“专业人士”,做建材生意有优势,可是建筑设计与建材销售毕竟是两码事。不到一年,生意亏本了,朋友们也因利益关系闹得不欢而散。

无奈之下的桑亚迪只好再换工作,挣钱还债。由于总对工作环境不满意,几年下来,他又先后换了几次工作,桑亚迪对前途彻底失去了信心。现在专业知识也已忘得差不多了,由于没有实践经验,再想做几乎是不可能了。桑亚迪虽然工作经验丰富,跨了好几个行业,可是没有一段经历能称得上成功……

现实的残酷使桑亚迪陷入很尴尬的境地,这是他当初无论如何也没有想到的。

桑亚迪的经历至少向你证明了这样一个道理:折腾的结果是离目标越来越远。他不懂得珍惜现在,不是抱怨就是折腾,以为只有折腾才能改变自己贫穷的命运。工作中,人们普遍有这种心理,总想脱离现有的不愉快,抱怨自己的职务低,嫌弃自己的社会地位等等,不在现实中寻找快乐,而是想用折腾来寻得快乐与幸福的憧憬。其实,这是错误的见解。试问谁可以担保,脱离了现有的环境,你就可以得到幸福;有谁可以担保,今天笑的人,明天一定会笑?

在任何一家公司,只要你努力工作,认真、负责地对待每一件事情,你就一定会受到重用。不论你的工资多么低,不论你的老板多么不器重你,只要你能忠于职守,毫不含糊地投入自己的精力和热情,渐渐地,你会为自己的工作感到骄傲和自豪,会赢得他人的尊重。

工作是一个施展自己才能的舞台。然而,职场上却有很多人仅仅把自己所在的企业当成一个完成工作的地方,工作也只是为了自己的那份薪水。他们总在折腾,总在盘算:我为上级做的工作应该和他支付给我的工资一样多,只有这样才公平。这种短浅的目光不但使他们的工作充满了痛苦,而且会使他们丧失前进的动力。而优秀的员工则不同,他们把工作看成是自身生存和施展才华的平台,他们在工作中看到了未来。

只有不折腾工作的人才能锻炼出超强的能力,而能力锻炼远比薪水重要得多,企业为我们能力的提升和事业的发展提供了更多的机会。当我们的能力得到领导的认可和赞赏时,领导就会付给我们更多的薪水。企业不但是员工之间互相交流和协作的平台,也是员工学习和展示才华的平台,只有从这个意义上认识企业,我们的职业生涯才有意义。

3 像热爱生命一样热爱工作

一个敬业的人,最显著的特征就是要对工作有一种发自内心的热爱。一个人做事,首先得对自己的工作,还要有自豪感,如果一个人不喜欢自己的工作,又怎么能把工作做好呢?没有自豪感的人,又怎么可能对公司、工作尽全力呢?

其实很多时候,只要看看某个公司员工的精神面貌,就能知道这个公司的好坏。

任何劳动都是值得尊敬的,你就没有理由为自己作的不起眼感到羞耻。那些轻视自己工作的人,常常不能获得真正的成功,甚至不会受到老板的重用。因为,所有的老板都认为:一个看轻自己工作的员工,他也不会尊敬自己；一个不敬业的员工，在从事某一项工作时，肯定会拖拖拉拉、敷衍了事，遇到困难，肯定会逃避。与此相应，你轻视了自己的工作，那么老板也会因此而轻视你的品质。

无论在什么情况下，都不要说厌恶自己的工作，这是最可怕的事情。如果你为环境所迫，而做着一些乏味的工作，你也应当设法从这种乏味的工作中，找出乐趣来。要懂得，凡是应当做而又必须做的事情，总要找出事情的乐趣，这是任何一位员工对工作应抱的态度。有了这种态度，无论做什么工作，都能有很好的效果。

如果一个人鄙视、厌恶自己的工作，并将大部分心思用在如何摆脱现在的工作环境上，这样的人在任何地方，都会遭到失败。因为，他们是老板要找的那种人。

不管你的工作是如何卑微，你都应当付之以艺术家的精神，都应当有十二分的热情。这样，你就可以从平庸、卑微的境况中解脱出来，不再有劳碌辛苦的感觉，才能使你的工作充满乐趣，当然厌恶的感觉也会慢慢烟消云散。

英国19世纪伟大的道德学家塞缪尔斯·迈尔斯在他的著作中曾讲过这样一个故事：

尔斯·兰博曾在东印度公司从事文书工作，干久了，他自然十分厌烦这个工作。终于有一天，他从这份工作中解脱出来了，他感到说不出的轻松和喜悦。他在给朋友的信中写道：“十余年的无聊工作就换来这万把英镑，太不值了。”“我自由了，我终于自由了！我将自由自在地度过剩下的50年。一个人最痛快、最幸福的日子就是什么也不干。”漫长的两年过去了，查尔斯享受着清闲的时光，但是他的心情却发生了根本的变化。他现在才发现那些单调乏味的工作原来一直挺适合他，可他却一直未曾认识到。时间以前是他的朋友，而今却成了他的敌人。他在给朋友的信中写道：“我真的相信，没有工作比过度劳累更糟糕，一个人一旦没有工作，他的心就会折磨自己。我几乎对什么东西都失去了兴趣。天堂的雨水也从来不会倾泻在那些无所事事者的头上。我唯一能做的，也是我做得最多的，就是周而复始的散步。我真是一个谋害时间的罪恶杀手，神的启示与我无缘了。”

这是一个失去工作的人的真实想法，我们会有些共鸣，在我们停止工作时，我们并没有想象中的那样轻松快乐，反倒会不安和迷茫。这是为什么呢？因为，工作不仅仅是谋生的手段，更是人内在的精神需要，是源自人性深处的一种渴望。

所以说，你必须时刻提醒自己，对工作保持兴趣，热爱自己的工作。

一个人工作时，如果能以火焰般的热情，充分发挥自己的特长，那么不论所做的工作怎样，都不会觉得工作很辛苦。如果我们能以充分的热情去做最平凡的工作，也能成为最优秀的工人；如果以冷淡的态度去做最高尚的工作，也不过是个平庸的工匠。所以，各行各业都有发挥才能、提高地位的机会，实在没有哪一项工作是可以藐视的。

面对竞争激烈的职场，如果你连工作的热忱都没有，那又怎么能有竞争力？所以，要想成为一个最有激情的工作者，就要每天都带着工作热忱来上班，不管工作环境如何，都一如既往地把工作做到最好。

艾伦在十多岁的时候，利用假期在南达科他州祖父的农场里，开始他的第一份工作——赤手去捡牧场上的牛粪饼！一般人都不愿意做，可艾伦做得好极了，即使这看上去实在不算好工作，他也很认真地在做，并取得了很好的成绩，仅仅一个假期，祖父的储草间里，全是他的工作成果。

一年后，又到了假期打工的时候，艾伦的祖母开着福特车来接他，并告诉他说："艾伦啊，祖父就要把你想要的新工作给你了。你将拥有自己的马匹去放牧，因为去年夏天你捡牛粪时表现得出色极了。"这样，他在工作岗位上得到第一次提升，他很开心。一个小小的信念也在他脑袋中生根发芽。

后来，艾伦成为南达科他州一名每星期挣1个美元的肉铺帮工，这份工作在别人看来很脏很累，但是艾伦却没有嫌弃，仍然努力做好肉铺师傅下达的每项任务。也正因为他的工作热忱，不久后的一次机遇，让他成为了美联社的一个实习生。后来，他成为了每星期50美元的美联社记者。从此，热忱地去工作，也成为艾伦工作的信条。很多年过去了，他成了年薪150多万美元的首席执行官。

热爱自己的本职工作，像艾伦一样，你就会有一个美好的职业前景。

怎样热爱自己的工作？最重要的，就是要把工作当事业来做。如果只把工作当作一件差事，或者只把目光停留在工作本身，那么即使是从事最喜欢的工作，仍然无法持久地保持对工作的激情。但如果你能把工作当成一项事业来看待，情况就会完全不同。其实每个人的每一点贡献都是事业进步和发展中的一部分，所从事工作的这份价值和意义，会带给我们无尽的使命感和成就感。有了使命感和成就感，你就不会失去工作的激情，就会像热爱生命一样热爱工作。

4 忠诚是一种责任，敬业是一种使命

工作中，跳槽和拖拉现象随处可见，人们议论最多的是薪水的高低与工作环境的舒适与否，可是却少有人谈及对工作的忠诚与敬业精神。

殊不知，忠诚敬业是每一个人都应具备的职业素养，更是成功的基础，如果你能做到忠诚敬业，并把忠诚敬业变成自己的一种习惯，你一定会一步步走向事业的成功之巅。

忠诚是一种责任，是衡量一个人是否具有良好职业道德的前提和基础，忠诚的人，总是能得到人们深深的敬意与由衷的喜爱。一个丧失了忠诚的人，不仅丧失了机会、丧失了做人的尊严，更丧失了立足之本。即使是那些从这种人身上获取好处的人，最终也会鄙视他、远离他、抛弃他。

一个企业就好比一个无形的“同心圆”，圆心是公司，不同程度忠诚于公司的人，分布于离“圆心”不同远近的外圆上，忠诚度越高的人，离“圆心”越近，而忠诚度越低的人，则离“圆心”越远。这个同心圆之所以是无形的，是因为不是由有形的组织或职位来决定一个人跟公司或老板的距离远近的，而是由看不见的忠诚度来决定的。离老板越近的人，不一定是公司最高层主管，离老板越远的人，也不一定是公司最基层的职员。

忠诚是一种与生俱来的品质，是发自内心的情感，它不谈条件，更不讲回报。它能够让工作变得更有意义，赋予我们更多的工作激情。忠诚的人觉得工作是享受，不忠诚的人觉得工作是苦役。彭玉梅就是一位忠诚敬业的好员工：

彭玉梅出生在一个普通的工人家庭，1980年，她因招工进入榆林毛纺织厂工作，从此开始走上一条普通纺织女工的不凡之路。

入厂不久，彭玉梅就被厂里选送到北京培训。万事开头难，每天她跟着比自己还小2岁的唐师傅学习基本操作。挡车工的实际操作是一个手、眼、身相互配合、相互协调、相互补充的综合性技术过程，既要接头，又要换粗纱，还须严格执行工作法做好清洁，才能使纱条连续不断，保证产品质量。学习期间，她虚心向师傅请教，默默地下着功夫，从接头这个基本动作练起，每天兜里揣着根棉纱，打饭时、睡觉前，只要有一点时间，两手就不闲着，一丝不苟地练习着捻线的动作，渐渐地僵硬笨拙的手指变得灵活敏捷了，线头在手中也变成了欢快跳动的音符。

经过4个月的学习，彭玉梅回到厂里"独当"591纺机。为了熟悉操作台，她把一台车上的420根纱线都打断，又一根一根接上，这一个巡回就要用一个小时。通过不懈努力，她的操作水平上了新台阶，过去接10个断头需要一分钟，现在只要40秒，超过国家部颁接头速度50秒的标准，一举夺得了纺织厂"操作能手"的称号。

彭玉梅对工作的忠诚和敬业，正是当代企业里很多员工所缺少的。

忠诚的最大考验就是外界的诱惑。在诱惑众多的今天，很多人守不住自己的道德底线，很容易就背叛自己的忠诚去出卖别人或公司。凡事有所为有所不为，经受不起诱惑而选择良心的堕落，最后只能成为职场乞儿。

一些职场新人，把忠诚看成是管理者愚弄下属的工具，把敬业当成老板监督员工的手段，认为灌输忠诚和敬业思想的受益者是企业和老板。其实不然，有位成功者说："自身价值的创造和实现依赖于忠诚敬业。"忠诚敬业铸就信赖，而信赖铸就成功，一旦养成忠诚敬业的习惯，就能主动对老板负责，面对引诱不为所动，忠于职守，认真负责，才能争取到成功的砝码；另一方面老板也会因此对你承担一份义务，会同样忠诚地对待你，会投入精力和资本培训你、重用你、提拔你。这样你也就永远无需担心有一天会失业。可见，忠诚敬业是一种安全有益的职业生存方式。

最可爱的员工是这样的：忠诚于自己的公司，忠诚于自己的老板，与公司和同事们同舟共济，荣辱与共。这样的员工将获得一种集体的力量，事业蒸蒸日上，工作就会成为一种人生享受，人生也会变得更加饱满。

我们经常看到的是：在很多工作单位里，上级安排的工作，即使三番五次地交代，也总有员工根本不放在心上。还有一些员工，接到任务后不是消极应付就是推诿，“这事不该我负责”、“为什么不叫张三去做”、“我太忙”，有的虽然什么也不说，心里却根本没打算把工作做好，很多员工把工作任务抛到了九霄云外，直到上司过问时才想起来，他们不反思自己，却满嘴的借口：我事情太多，我受到了干扰，工作条件不具备，时机还不成熟……这样的员工对企业来说是不称职的，更谈不上忠诚，长此以往，一定会被淘汰。

忠诚并不是对某个公司或者某个人从一而终，而是一种职业责任感，是承担某一责任或者从事某一职业所表现出来的敬业精神。巴顿曾经说过：忠诚就是不折不扣地执行。只有对工作任务没有任何私心杂念、忠诚敬业的人才会毫无保留地去执行。一个人忠诚度越高，他的执行力也就越高。

忠诚与敬业是相辅相成的，没有忠诚哪来敬业？

敬业，是员工身上应必备的品德。敬业，就是尊敬、尊崇自己的职业。如果一个人能虔诚地对待职业，甚至对职业有一种敬畏的态度，那么他就已经具有敬业精神了。

我们经常在招聘启事上看到招聘单位要求应聘者具有敬业精神。敬业精神在今天受到的重视程度，远远超过以往任何一个历史时期。

人，作为万物的灵长，天地的精华，具有与生俱来的职责使命。人来到世上，并不是为了享受，而是为了完成自己的使命，而敬业就是员工的使命。

我们没有理由不去理解一下什么是忠诚敬业以及怎样忠诚敬业的问

题。忠诚敬业是一个人在职场中提升自己、拓展事业的前提，它所表现出来的积极主动、认真负责、一丝不苟的工作态度，是职场人士所应当而且必须具备的品质，是获得最佳工作业绩的有力保障。

5 尽职尽责的员工不折腾

每一个人在生活中都扮演着不同的角色，而每一个角色都有其相应的责任，从某种意义上说，角色饰演的成功与否取决于你对职责的履行程度。一个人若是没有责任心，他将一事无成，也将决定生活、家庭、工作、学习的成功和失败。这在人与人的所有关系中也无所不及。责任是一种意识、一种精神、一种态度、一种超越能力的素质。

对于公司来说，只有每个人都意识到尽职尽责是自己的使命，这个公司才能在日益激烈的市场竞争中立于不败之地。

微软之所以能称霸全球，始终处于领先地位，并不是因为公司里有天才，它的成功与每一位员工的尽职尽责息息相关。他们深信只有自己才能肩负起这个崇高的使命，也懂得要完成这项使命，唯有大家都在各自的工作岗位上尽到责任，微软才能不断向世人推出一流的软件。

公司是一个紧密联系的有机生命体，如同人体各个器官的运转一样，需要每个职员都把责任固定在自己身上，而不是遇到麻烦就一推了之。

只有尽职尽责的员工才能真正踏踏实实地为企业做事，也只有有尽职尽责的员工才能最终成就自己的事业。能力或许可以让我们胜任工作，责任却可以让我们更出色地完成工作。特别是在每天反复的工作中，责任能使我们把简单的、具体的事情做得尽善尽美。

刘丽荔在售票员的岗位上已经工作23年了，曾获得北京市劳动模范、北京市优秀司售人员、奥运立功标兵、首席乘务员等荣誉称号。她除了通过微博践行“北京精神”外，她还在报站中也加入“北京精神”的宣传。

“乘客您好，欢迎您乘坐120路公交车。爱国、创新、包容、厚德是北京的精神，当您身边有老、幼、病、残、孕等乘客时，请您把座位让给他们，愿我们共同携手践行‘北京精神’。下一站是王府井，请下车的乘客做好准备！”每日，在北京站口东，刘丽荔负责的公交车刚刚驶出站台，就会讲出这样一席话。“这个售票员可真厉害，与时俱进。”车厢内许多乘客暗暗称赞道。

今年4月，刘丽荔在一门户网站上开通了微博，虽然平日里工作繁忙，但她坚持每天利用休息时间到微博上学习“新东西”。之后，她每天都会在微博中发布一些出行的提示性信息。“北京精神”发布后，她的微博中又增加了相关内容的转发。不少粉丝都留言说，刘丽荔用实际行动践行了“北京精神”。

不难看出，刘丽荔有很强的责任感，乘客的夸赞无疑是她工作中最大的骄傲。她之所以能获得如此多的殊荣，无非是对工作尽职尽责。

曾听过这样一个笑话：白宫里有一位尽职尽责的老清洁工。有一次她说：“我的工作同克林顿的工作差不多，他是在收拾美国，我是在收拾白宫，我们都是在做自己该做的事。”这位老清洁工以平淡的语气说出了一句令人深思的话。她并没有因从事着最简单、最基层的清洁工作而自卑、抱怨，而是以幽默的言语把自己的工作同总统的工作相提并论，显示了一种豁达、平和的心态，更显示了她尽职尽责的职业风范。

尽职尽责的员工都是从不折腾的人，他们在工作中不讲任何条件，照样把工作做得又扎实、又好。因为他们都明白，责任是一种与生俱来的使命，它伴随着每个生命的始终，责任不仅仅是一种品德，更是一种能力的体现。一旦你选择了某项工作，或是正在从事某项工作，你就要认真负责，全力以赴地去完成，而不能一边做着手里的事，一边还想着另外一份工作。这样，成功将会遥遥无期。

很多员工认为只有那些有权利的人才有责任，而自己只是一名普通的员工，根本没有什么责任可言。其实，没有意识到责任并不等于没有责任，那是对责任的另一种逃避。每个员工都应该清醒地认识到自己所承担的岗位责任的事实，并应该为自己所承担的岗位负责到底。

海尔的一位员工说："我不管是在自己家里、朋友家里还是在大街上，时时都会把别人对我们海尔的意见记录下来。"这就是海尔人的责任意识，这就是海尔为什么能成功的秘密。

"不管我注定要从事什么工作，就算是做扫大街的清洁工，我也要像贝多芬作曲、莎士比亚写剧本一样认真负责，让走在大街上的人们为我的工作而感到惊叹！"这是一句多么朴素而又蕴涵哲理的话语，只要有了这样的责任感，又何愁做不好工作。

所谓尽职尽责，说的就是不论从事什么样的工作，都要用心将其做好，哪怕我们的工作只是简单的端茶倒水、整理文件。我们需要将自己的工作做到最好，不要抱怨别人能力不如你，反而待遇比你好，我们要考虑的是在自己的工作领域，是否做到了尽职尽责。

6 与其跳槽，不如提升与积累

如果说公司是一条船，那么从我们登上公司之船的那一刻起，我们的命运就和这艘船捆绑在一起了，船的命运就是我们的命运，船的未来就是我们的未来。如果哪一天，船在航行的过程中倾覆了，我们所有的人就会葬身大海。因此，我们必须把自己的未来交给自己的船队，也必须使它变得更加强大。

对于员工来说，公司就是你的船，一荣俱荣，一损俱损。日本著名企业家松下幸之助说："我的员工要像企业家那样思考，不能只像个被雇来干活的人。"员工只有把公司当成是与自己命运息息相关的船，像企业家那样思考、工作，才能提升自己的能力，创造过人的业绩。

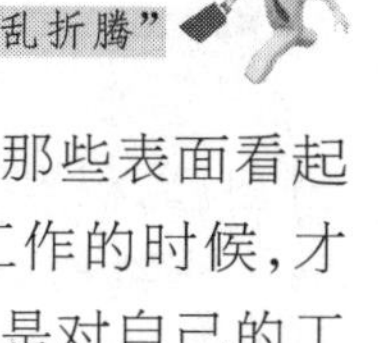

然而，很多的人却无视自己所拥有的美好工作，去追求那些表面看起来很美好，实际却很虚幻的东西，直到失去本来所拥有的工作的时候，才懊悔不已。在这些人中，有些人总是觉得自己大材小用，总是对自己的工作充满了抱怨，总是认为自己应该干更重要的工作。还有一些人，总是抱着一副单位需要我、工作需要我的态度，却从没有想过，这个世界根本没有哪份工作必须你来做才能完成，而是你必须要有一份工作来维持你的生活，愉快地度过你的人生。

比如，很多员工都缺乏对公司的忠诚，他们以频繁的跳槽来表达对公司的不满。一部分没有跳槽的人，也是以散漫、拖拉的态度来对待工作，他们只知道抱怨工作的辛苦，老板的刻薄，却从来没有想过反省一下自己的工作态度。

事实上，在那些过于频繁跳槽的人中，有大部分并不像他们自己所描述的那样优秀，即使有的具有较强的专业知识和工作技能，但至少说明这是一个缺少耐心、对工作不踏实的人。对于那些频繁跳槽者，新的公司也有自己的顾虑，因为谁也不敢担保，他进入公司后，下一次跳槽又会发生在什么时候。对工作、对公司缺乏忠诚度的员工，能力再强，老板也不会轻易委以重任。

一个频繁跳槽的人，在多次更换工作后，就会发现自己已经于不知不觉中形成了一种习惯：工作上一有压力时想跳槽，老板没有满足自己的加薪的愿望时想跳槽，同事升职而自己“原地踏步”时想跳槽……他们总觉得下一个工作才是最好的，下一位老板才是最有人情味的老板，似乎所有的问题都会随着这一跳而得到彻底解决。这种习惯常使人在工作中产生消极情绪，而不再有信心去克服困难，在一些冠冕堂皇的跳槽理由下，回避、退缩，继而对工作彻底丧失兴趣，丧失了最基本的责任。

然而，频繁的跳槽，会使人失去成就事业所必需的，最宝贵的忠诚、敬业、守业和爱业的精神，这使他们变得好高骛远，这山望着那山高，空有远大的理想，却无心追求。幻想着换一个行业或一个工作就能前途辉煌，结果却在频繁的跳槽中，忘却了好好规划自己，仅为了眼前的蝇头小利而荒废了美好的时光。更为严重的是，他们的频繁跳槽已使很多老板对他们失去了信任，不要说找一份理想的工作，就是再就业也有困难了。因此，与其频繁跳槽，还不如忠诚于公司，忠实于自己的工作，不如在工作中提升自己,积累经验,这样的前途肯定比频繁跳槽更美好。

当跳槽这种风气蔓延到整个职场时,许多本来具有一定忠诚度的员工受到传染,也加入了跳槽大军中,换工作如换衣服,甚至到最后自己都记不得自己具体做过什么,使整个职业环境继续恶化。

有个年轻人,大学毕业后就到了纽约,在一家出版社担任校对工作,一个星期只能挣 15 美元,而且还必须从早忙到晚。他的朋友们都劝他换一个工作,说这样低的工资不值得他如此卖力。可是他始终没有放弃,从不抱怨自己工资太低。他诚恳踏实的态度受到了老板的关注,一年以后,他的工资就涨到了每周 75 美元,并且被提拔到一个重要的部门。在新职位上,他继续保持自己良好的工作习惯,最后被提升到总编辑的位置上,成为出版社收入仅次于老板的人。

员工频繁跳槽,直接受到损害的是企业,但从更深层次的角度来看,对员工的伤害更深。因为无论是个人资源的积累,还是所养成的"这山望见那山高"的习惯,都会或多或少地降低员工自身的价值。这些人对自己的内心需求没有认真地反思,对自己奋斗的目标没有清晰的认识,自然无法选择自己的发展方向。

人一生要走许多路才能达到自己想要达到的地方,从职业的角度来看,一个人难免要调换几种工作。但是这种转换必须依托于整体的人生规划。盲目跳槽,虽然在新的工作环境里收入可能有所增加,但是,一旦养成了这种习惯,跳槽就不再具有目的,只是一种惯性了。久而久之,自己就不再勇于面对现实,积极主动克服困难了,而是在一些冠冕堂皇的理由下回避、退缩。这些理由无非是不符合自己的兴趣爱好、老板不重视、命运不济、怀才不遇、别人不理解等,整天幻想着跳到一个新的单位后所有的问题都迎刃而解了。

其实,这往往会导致工作出现越来越多的问题,忠诚敬业的精神也就渐渐消失了。所以说,对员工而言,与其跳槽,不如提升与积累。

下部　生活不纠结

纠结，指难于解开或理清的缠结。在职场生活中，确实会有许多时候让人左也不是右也不是，陷入困惑或矛盾之中。其实，人生的挫折无处不在，只有以一种阳光心态直面挑战才是上策。生活百味杂陈，纠结在所难免。多一点智慧和勇气，学会平衡自己的生活，懂得有舍才有得，并且宽容豁达，知足常乐，能够把握住自己心中的准绳，你的职场之路才会走得更加从容，你生活幸福指数也将日渐提高。

第六章

平衡工作和生活，用心生活不纠结

现代社会节奏很快，许多人都因为忙于工作，而忽略了家人，更忽略了自己，忘却了生活的真谛。究竟该如何处理好工作与生活的关系？如何平衡两者？有人做过这样一个形象的比喻：工作是一个橡胶球，它随时还会弹回来，但家庭、健康、朋友和精神等是玻璃球，如果你把其中任何一个丢在地上，他们将不可避免地受到损坏，甚至支离破碎。所以，每一个优秀员工都得懂得，不仅要好好工作，更要致力于生活中的平衡。

1 学会用心生活

用心去做一件事，才能感到有意义；用心倾听别人说话，才能听出其中深意；用心对待自己和他人，才能觉得出人世间的温暖；用心生活，才能活得充实无悔。

也许是这个世界太让人感到疲惫，也许是生活太让人心力交瘁。有一本书叫《寻找自己的玫瑰》，书中讲述了一个小王子的故事：

小王子历经千山万水，克服重重艰险，不惜让青春在风雨中褪色，不惜让容颜在跋涉中老去，走遍了所有的星球，只为采摘到那朵真正属于自己的玫瑰。事实上他找到了，但他并未采摘。因为在追寻的漫漫长路中，小王子领悟到了采摘的真正意义，也深深地明白，自己一直寻找的那朵玫瑰，其实就开放在自己心中。

这不是一个简单的浪漫童话故事，故事中的玫瑰也不仅仅是一朵玫瑰。小王子对玫瑰的漫漫追寻过程，其实就是我们学会生活、感悟生活的过程，而那朵玫瑰就是我们生活中的目标、追求、理想和信念。小王子之所以找到了真正属于自己的那朵玫瑰，因为他在用心追寻，而我们要在职场中找到快乐，找到成功，找到生活的乐趣，做到不埋怨不纠结，首先得学会用心生活，用心感受身边的人和事。

要用心生活，首先要用心工作。很多公司的老职员都习惯于用手工作，因为这些工作他们已经很熟悉了，闭着眼睛都能做好。然而用手工作，能让人们把 10 年当做 1 天来过，10 年过后，他们只掌握了一种工作

方法。也就是说，10 年来他们在自己的工作上没有任何进步。这对竞争日益激烈的现代人来说，无疑是一件十分糟糕的事情。优秀员工一定要学会用心去工作，这样才能睁大眼睛去发现问题，竖起耳朵去倾听建议，用自己的大脑去思考、学习。那么，在这 10 年之中，你所掌握的工作技巧便会帮助自己实现成功的愿望。

在喧闹的城市中，在忙碌的生活中，每个人都过着自己的生活，每个人都有着自己的理想。而在那些不如意的时光里，更多的则是对不公平的抱怨。唯有学会知足，学会享受，用“心”生活，不抱怨，你才会幸福。

生活中的我们，不管是幸福还是悲伤，或多或少都会有些许小抱怨。当公车来晚时，赶着上班的你会是怎样的心情呢？当工作繁忙加班不加薪时，你会是怎样的心情呢？当自己失落的时候，你是否会觉得这个世界不公平呢？诸如此类的问题很多很多，你都要用心去思考，而不能埋怨。

为了生活，我们不断追寻。事实上，我们每时每刻都在寻找真正属于自己的“玫瑰”，只不过每个人寻找的“玫瑰”不同罢了。有的人得到了，有的人得不到；有的人得到了美丽的芬芳，有的人得到了刺痛……差别在于，你是不是应该得到这朵玫瑰，而你又是不是在用心追寻，真心付出。

为什么说要用心生活？因为工作是生活的一部分，所以我们也要在工作中懂得生活。工作对于有的人来说是投其所好，出于兴趣，而对于有以来说则只是迫于生计，求得一饭之需。但无论出于何种目的，何种心态，工作终究是生活的主体，日子过得快不快乐，很大程度上取决于工作能给你带来多少快乐。

平时，我们不要抱怨领导的苛刻，换位思考下，担任多大的职位就有多大的责任与压力，领导有领导的苦处，更何况他(或她)也是血肉之躯，喜怒哀乐都人之常情。不要埋怨公司的制度太不人性化，就像世界上没有完美的人一样，这个世界上也没有完美的公司。你有你的生存压力，公司也有公司的运营成本，生存压力，发展压力。你有的你的意向，公司也有公司自己的定位，当两者相互矛盾时，公司不会因为一小部分人的利益而轻易改变它的方针与决策。当两者相互矛盾时，要么顺着公司的方向，暂时转变思想，认真工作，实现自我价值，创造快乐，要么就干脆另谋高就。公司不是忍气吞声、当一天和尚撞一天钟的地方，如果那样的话，于公司于已都不利。

另外，人际关系也需要用心经营。久别情疏，再好的朋友，如果时隔几年互不联系，即便时间不会把友情淡化，也会因为世事变迁，而最终形同路人。这样的话，那朋友也似乎失去它本来的意义。因此，偶尔的电话，相互倾诉彼此的生活琐碎与烦恼，相互分享彼此的点点滴滴的快乐生活碎片，于生活确有必要。在忙碌生活的空隙之间遐想远方朋友的生活状态，并予以祝福与期待；在朋友生日时主动说一句简简单单的“生日快乐”；在朋友有苦难诉主动找你倾诉时，你的耐心倾听便是最大的理解与慰藉。有了真正的友情，生活也就多了一份情调与趣味。

当然，我们更不要忘了那血浓于水的亲情。或许真的无法消除那确实存在的代沟，但也要尝试去理解父母或其他长辈。可怜天下父母心，他们才是这个世界上最爱我们的人，才是这个世界上真正能为我们心甘情愿付出一切的人。也许，只有当我们自己为人父母时，才会真正体会到那种无私的爱。那么即便现在不能完全理解，相信它的存在与可靠肯定会让此生少点遗憾。

用心生活看似很难，但真的只要一天天地、点点滴滴地去做，用心去做，必将发现：其实，我完全可以过得更好！

2 工作向左，生活向右

每个人都想拥有一种平衡的生活，但是，在繁忙的现代社会中，生活的平衡极其脆弱。现代人面临的最大问题，是克服心灵深处的混乱，追求内心的平静。工作常常占据了生活中太多的空间，各种各样的问题也困扰着我们，为了保持“平衡”，我们筋疲力尽，却仍旧不得要领。

工作与生活是人生的两个基本支点，它们悬挂于人生天平的两端，若

平衡不当，对我们的生活质量、工作绩效，乃至个人发展都将直接带来负面影响。如何实现工作和生活的平衡，已经成为现代社会人们生活的一个重要课题。平衡工作与生活，能够使人们因提供了收入和获得成就感而快乐，因获得爱人和爱而满足，从而更好地实现人生的可持续发展。

有一本书名叫《工作向左，生活向右》，就是讲的工作与生活要平衡发展。

一个国家要平衡发展，同理，一个人，一个家庭，也要平衡发展才能持久。比如爱情，爱情不是施舍，也不是婚姻的前提。当男人和女人共同组成一个家庭的时候，要相互体谅，更要追求平衡发展。

那么，我们究竟是要选择一边倒的拼命工作，还是平稳上升的美满生活？如何平衡好我们的事业和生活也是一门艺术。

最近，"平衡"成了时尚人士关注的焦点。是不是事业成功就可以掩盖掉你付出的所有代价？究竟是一边倒的打拼生活更好，还是平稳上升的美满生活更值得羡慕？答案不一，但毋庸置疑的是，越来越多的人选择了后者，他们在努力寻找工作和生活的平衡、事业和家庭的平衡、外界和自我的平衡。失衡的生活就像漂亮的塑料盆景，外表再美，也掩盖不了背面的粗糙，而平衡的生活才是健康的生活方式。

> 曾读过一篇文章，老师让学生拿六根钉子在一根钉子上摆平衡表，学生没有做到，老师就亲手示范，并讲了一番深刻的人生哲理：一个人必须找到生命的平衡点才能谋求发展。生命里，生活中，常会有些钉子一样多而无序的担子，压得我们喘不过气，捡了这根丢了那根，总是不可能在有限的生命里，在不宽敞的生活承面上找到平衡点把它们稳稳地担起。我们也习惯整日忙于应付各样无序的日常琐事，却从未想过，只要理出生命里最重要的两件来做基础，其余再多的事情都能在这基础上找到平衡。有了这个依靠，就敢放手，有了这个依靠，就会重新拣选你的生命，把那最重要的放在"四两"的基础上，去挑那些"千斤"的重担。

学会信靠，学会放手，学会找到生命的支撑点，理出生活的头绪，让生活里各种担子在这个支撑点上找到平衡，心也不会再摇晃了。现在做的工作微乎其微抑或多如牛毛，而当你在这个平衡点上工作和生活时，你就会永远稳固轻松。

其实，工作和生活并不矛盾，工作是生活的一部分。对某些人来说，工作不是生活中最有趣的部分，但对其他人来说，工作就是一种激情。不管是哪种，工作都是我们生活的一部分，有好也有坏。所以，重点是得明白我们要寻找的是我们喜欢干的事情之间的平衡点——不仅仅只有工作和工作之外的生活，也包括工作、家庭、爱好、家务和其他一切我们感兴趣的事情。

人的生命价值用什么来衡量？工作的业绩、丰厚的薪金、豪华的别墅、高级的轿车，这些已成为现代人所汲汲追求的目标。然而，生命的精华，对每个人来讲都是不同的，农民在烈日下辛勤地劳动，母亲用甘甜的乳汁和无夜的睡眠来保护生命。究竟是令人羡慕的工作重要，还是拥有一个幸福美满的生活重要？孰是孰非，这是一个值得思考的问题。所以要在心里放一个跷跷板，保持内心的平衡，才能保持工作与生活的平衡。懂得把握平衡原则的人，在多么紧张工作的情况下，都知道该怎样调节自己的生活节奏和工作状态，怎么体味生活中的情调和趣味，保持一种从容和风度。态度决定一切，内心因素决定外在表现，始终保持一颗平常心，平衡心，能够使事业蒸蒸日上，也能让生活快快乐乐。

我们要好好工作，享受生活，即使你不是一名出色的体操运动员，也能使你在上面如履平地，出色地完成每一个"标准动作"。它会提醒你，保护你，不会有疲倦的时候。环境的复杂与压力，可能超过了我们忍耐的极限。让自己快乐一点、兴奋一点，是我们对抗压力的生存需求。

每个人都想拥有平衡的生活，但现实生活中，没有"完美生活"，只有"最佳状态"的生活，我们每一个职场人都要努力追求这种生活中的"最佳状态"。追求平衡状态的生活，就像走钢丝一样，你很可能一次又一次地左右摇晃。这很正常，没有关系，对自己温和一点，不要对自己求全责备，为你取得的进步鼓掌吧。这不只是为自己，也是为了那些爱你的人。

一位哲人曾经说过："年轻的时候，人们总是牺牲青春与健康去追求名利与金钱，而年老的时候，又企图用名利与金钱来留住生命与健康。"这就是不懂得平衡而造成的恶果。人在职场，一定要懂得工作向左，生活向右，找到工作与生活平衡的支点，就能在生活与工作之间游刃有余，轻松面对。

3

科学管理自己的时间

时间是世界上最无尽的资源，每个人都拥有 24 小时的每一天，然而它又是世界上最稀缺的资源，人一天只能拥有 24 小时。因此，对于打拼于职场的员工来说，要在有限的生命周期内尽可能地提高工作效率，发挥出我们所有的聪明才智，做出最大的成绩，搞好时间管理就显得尤为重要。

传统的时间管理观念认为：效果比效率重要，选择比能力重要，平衡比速度重要。但是当今社会，市场竞争愈加激烈，客户的要求和期望值不断提高，企业组织结构愈加复杂，工作日程安排日趋紧凑，工作节奏不断加快，对工作的精细化要求不断增强。在这种情况下，如果只讲效果不讲效率、只讲选择不讲能力、只讲平衡不讲速度，其结果不仅是完不成任务，实现不了预期工作和经营目标，而且最终只会被市场淘汰。只有那些做事井井有条，懂得科学安排和管理时间的人，才能永远立于不败之地。

世界上最为宝贵的莫过于时间，因为在某种意义来讲，时间就是生命。像我们重视理财一样，时间同样应该得到科学、有效的管理。那么我们应该怎么做呢？

首先，学会每天清早做计划。

美国某公司的董事长赖福林，每天清晨 6 点之前都会准时来到办公室。他先是默读 15 分钟经营管理哲学的书籍，然后便全神贯注地开始思考本年度内不同阶段中必须完成的重要工作以及所需采取的措施和必要的制度。接着就是重点考虑一周的工作。他把本周内所要做的几件事情一一列在黑板上。大约在 8 点钟左右，他在餐厅与秘书共进咖啡时，就把这些考虑好的事情商量一番，然后做出决定，由秘书具体操办。赖福林的时间管理法，极大地提高了公司的工作效率，引起了美国各公司的高度重视和赞扬。

其次，学会如何区分重要与紧急任务。

通常我们会认为，应该先处理急事而不是重要的事。所谓重要的事情，是指真正有助于达成我们的目标的事情，是让我们的工作与生活更有意义、更有成就的事情，但是这些事情通常并不是需要那么着急地去办的——而这点也恰恰是时间管理的最大误区。从这时候开始，我们就成了时间的奴隶而不是时间的主人。

要想不成为时间的奴隶，我们就要把重要的事放在第一位；其次，要尽量将紧急的事情中能够委托他人完成的交给别人完成；最后，当你不得不处理时，也要尽量提高效率，能够同时处理的尽量同时处理。

最后，如果你是管理层，不妨试一下站着开会。

你有没有这样的体会，在一个公司中，最漂亮、最富丽堂皇的房间，往往就是公司的会议室。在会议室中，不但有明亮的灯光、舒适的座椅，饮水机、咖啡机、微波炉等也往往一应俱全，甚至还有新鲜的水果。在加班的时候，会议室又往往成为聚餐的场所，大圆桌上摆满了食物，加班变成了聚餐。其实，如果你是公司的管理人员，不妨尝试一下站着开会。日本的会议室不像我们国内这么舒适，而是十分简陋，不但无烟无茶，而且没有椅子，开会的人都站着，用简陋的条件控制会议的长度，管理时间资源，提高开会的效率。他们每次开会之前，都在会议室里张贴本次会议的成本、多少人参加、开多长时间、每小时工时费用，最后累计起来公布，使主持会议的人和参加会议的人心中有数，开短会，开高效率的会，不说废话。

如今，大家都在提倡节约，但除了物质上的东西要节约以外，还要节约时间。时间不能够再造，逝去的时间将不再复还，所以节约时间，从某种意义上说就更加重要！

试想想，一分钟是可以做很多的事情的：可以打一百多个字，走一百多步路，看 1—2 页书。这样算下来，一个小时，就可以打 6000 多个字，走好几千步路，看好几十页书，所以，只要把时间充分利用，一天还是能多做很多事情的！

许多小学生常常让家长和老师头疼的一件事，是每次写假期作业都是在放假的最后几天完成的。为什么呢？因为在一开

始的时候总是想着玩，想着还有很多天呢，所以每天只做一点作业，直到最后才开始进行突击。而突击出来的作业，字迹潦草，质量不高，但时间已经来不及了，也只好草草交差。

职场中也存在这种情况，工作安排下来，不能够合理安排计划，等到不完成就要被考核了，才匆忙突击，往往工作质量也不高，还会被领导批评。这种浪费就更严重了，因为不但时间浪费了，工作质量还受到影响！

世界上有多少人因为浪费了时间而后悔莫及，也有多少人因为没有好好珍惜自己的时间，而错过了许多成功机会！“如果当时安排好自己的时间就好了！”“如果当时能节约时间就好了！”当人们做这样的感叹和懊悔时，往往已经时过境迁了。但是，时间是不会倒流的，与其这样后悔，不如从现在开始，从我做起，科学管理自己的时间，节约每一分钟时间。

4 适当的休息比加班更重要

如今，极端激烈的竞争环境加快了生活节奏，这也意味着“休息”已变成了一个陌生的概念，甚至当人们有闲暇时，反倒深感内疚，因为他们没有好好利用这点时间去学习或者做点什么“极限休闲活动”。

很多人没踏入职场前，看着那些衣着整齐、神采奕奕、快乐工作的公司白领，打心眼儿里羡慕，非常渴望自己也能够尽快拥有一份满意的工作，成为他们中的一员。可是，一旦真的踏入职场，对曾经的渴望却渐渐感到失望。因为不少人发现工作原来是很忙很累的，每天准时赶到公司，一头扎进那些没完没了的事务中，碰上任务紧急的时候，还要加班。这时，你可能已经约了朋友一起吃饭，或者约定去拜访一位专家，只好向人家道歉，取消约定。有时你也许会很烦，甚至会莫名其妙地冲着同事大声嚷嚷,但你依然得重复着这样的日子,因为你不工作就没有面包吃;你不加班就做不出成绩,就有可能被炒鱿鱼。

唉!在你发出这一声叹息的时候,你已经变成了工作的奴隶。更可怕的是,你不自觉地把休息时间都利用到工作上去了。别人心无牵挂地去休息,去放松自己,你却憋在家里加班工作。有时候,即使你也加入休息的队伍,但满脑子思考的还是工作。

你觉得自己被工作俘虏了,你厌烦工作了,不想再回到紧张而忙碌的工作怪圈中去,可是你不能不工作,因为那意味着你将失去富足的小资生活。但是你应该记住:工作只是生活的一部分而并非全部。只有认识到这一点,你才能成为工作的主人。

经研究发现,上班族是社会上最忙碌的群体。对于他们来说,追求成就感,实现人生梦想,都要通过工作来达成。休息对于他们来说,只不过是跑龙套的角色罢了,唯有工作才是值得投入全部心力的重头戏。

叶小华就是一个典型的工作狂。她的大脑里根本就没有休息这个概念,天天忙碌于工作之中。几年下来,原来的快乐姑娘快变成一个忧郁的小老太太了。五·一节长假的时候,她的男朋友小孙生拉硬拽地把她从家里拉出来一起出去旅行,她却不忘记提着笔记本电脑。小孙好奇地问她提着笔记本电脑干什么?她说有个企划还没有做完。气得小孙夺下她的笔记本电脑,一把将她架到车里去。即使这样,在旅行的过程中,叶小华也是一副心不在焉的样子,经常怔怔地考虑工作的事情。小孙对她说:"人家都说要劳逸结合,你却总是想着没完没了的工作,这样身体会吃不消的。"

叶小华听后笑着说:"可我总觉得没有时间休息啊!"

小孙说:"每周的双休日,你还有一些法定的假期,时间很多。"

"那我的那些工作……"

"我的工作比你少吗?"叶小华不由得愣住了。是啊,小孙现在是部门主管,自己不过是一个普通职员,他怎么就能从工作中脱离出来,有充足的休息时间呢?

小孙意味深长地说:"你之所以会变成一个工作狂,是因为

你把休息看得无关紧要，甚至会影响工作，但是你错了，不会休息的人就不会工作！”

诚然，很多人彻头彻尾地成为了工作的奴隶，认为休息不会给工作带来什么好处，他们宁可花时间坐在那里自怨自艾，也不愿意站起来实际行动。实际上，适当的休息会对一个人的工作有很好的促进作用。心理学家发现，成功的人都懂得将工作与休息时间适当分配，他们知道何时该放松自己。

休息往往有一个前提，那就是连续的工作使你劳累了，甚至对工作感到厌烦，急于从工作中脱离出来，你需要通过彻底放松自己，调整自己的心态，保持快乐的心情，适当的休息是你实现这一愿望的最佳方式。离开囚笼一样的车间或办公室，投身到新鲜的环境中去，接触不同的人，经历各种各样的事，观赏奇异的景物，使你在工作时紧绷的神经得到彻底放松，疲倦的身体得到良好恢复，那些困扰你的不愉快的情绪会随那潺潺流水、随那轻柔的风、随你开心的大笑而远去。当你再出现在工作岗位时，你会显得轻松愉快，精力充沛，即使再复杂棘手的工作摆在你面前，你都能从容面对，游刃有余地去处理。

当然，无论你怎么休息，你都不要在休息时间思考工作上的事，这样做的后果可能会破坏你快要轻松起来的心情，让你的休息只变成体力上的损耗，一点益处也没有。一定要选择适合自己的休息方式，进行适当的休息，不要把自己搞得疲惫不堪，好事变坏事。

有两个技术熟练、体格强壮的伐木工人，他们要进行一场比赛，看谁一天砍的木头最多。天刚一破晓，这两人就开始干活了，他们不慌不忙地砍倒一棵又一棵的大树。因为两人干活上劲，都一身大汗，速度也相差无几。第一个伐木工人时不时扫一眼第二个人，他注意到第二个人靠着一棵树在休息。他趁第二个人休息时赶紧继续努力砍树。他一整天连续不断地拼尽所有力气干活，一次也不休息，而第二个人在一整天当中，总是有规律地休息着。这天终于结束了，他满以为他比第二个人砍的木材多。但让他大为惊讶和沮丧的是，第二个人的木材堆远远超过他的那堆。他就问他的竞争对手砍更多木材的秘诀是什么？他在树下休息时在做什么？他的竞争对手回答说，每一次休息期间，他都在磨尖他的斧头。

这个故事极富教育意义，它提醒我们，当我们只用一种方法做事，而不反思如何才能做得更好更有效，不停下来“磨尖我们的斧头”的话，会产生什么结果。

休息的方式可谓多种多样、五花八门，比如说睡大觉、看电视。许多心理专家对这种休息方式都不赞同，因为他们认为睡大觉、看电视是取代社交生活，而不是进入社交生活，是最耗时的消遣，是有害的。据估计，现代人花在睡大觉、看电视上的时间，比起从事其他积极性休息活动，至少高出十倍以上。

除了看电视之外，还有很多人利用花钱购物、到处闲逛、吃零食等方法打发时间，而这些都是消极性的休息。专家研究发现，有 90%的人都是选择被动消极的事物作为休息活动。

前任哈佛大学校长约翰·柯曼博士的休息方式可谓别出心裁，独树一帜。有一次，他利用假期到费城当收集垃圾的清洁工；后来，他又在另一次假期中，加入到纽约街头流浪汉的行列；他退休前的最后一次假期，是到旅馆当餐厅厨师的助手，后来，他索性买下一个餐馆来经营。

心理学家认为，我们应该多进行积极性的休息活动，应该让人在其中获得满足感和成就感，比如运动、阅读、跳舞、弹奏乐器、进修等。总之，一个人多参加积极性的休息活动，会提高自身素质、健全自我心理、增强自我活力，会让人感到轻松和快乐，所以说适当的休息比加班更重要。

5 要好好工作也要享受生活

我们生活在一个压力极大的社会环境中，我们拼命地工作，是为了生

活；但在实际上，不管我们有意或无意、主动或被动，工作几乎成了生活的唯一内容和支柱。一旦失去工作，我们不仅会在物质上垮掉，同时也会在精神上垮掉。而在工作中，由于各种原因，又会使我们时时受到难以解脱的束缚，经受无法避免的挫折，从而体验到深刻的无力感与无奈。

职场中人，总是既想在工作上做出一番令人刮目相看的成就，又想过着自在惬意的生活。可是，结果总是两头不讨好。往往得到了这个，就失去了那个。很多员工的现状都是这样的。为什么会如此呢？原因很可能出在把工作与生活混为一谈上。

其实，工作就是工作，生活就是生活，如果错把谋生的工具当成人生的目标，太把它当成一回事，就会把自己弄得一团糟。我们既要好好工作，也要享受生活，要尽可能地把工作和生活区分开来。

工作永远也忙不完，完成了A任务，还有B任务、C任务……何时是个了结？况且，有些工作不可脱离其他岗位的配合而孤军奋战，甲废寝忘食，势必连带着乙丙丁等陪绑。如此联动的结果，将使他人被迫地牺牲休息的权利。偶尔这样，倒还可被接受，如果长期如此，往往会怨声载道，因为没有多少人愿意与工作狂为伍。如果是普通员工，除非上司命令加班，否则下班之后即应转换角色，尽情享受生活乐趣。如果不是普通员工，除非任务十万火急，否则，不但不要强求下属加班或带任务回家，自己也不要搞疲劳战术。工作实绩与工作时间未必成正比，延长工作时间是事倍功半的笨办法。摸索工作规律，寻求高质量完成任务的有效途径，方是明智之举。文武之道，一张一弛，会休息才会工作，会工作才有效率。

工作重要还是家庭重要，似乎是一个鸡与鸡蛋的问题；没有工作，如何支持整个家庭？家庭不支持，工作便会有顾虑。

家庭不是一人世界，非工作时间却埋头工作，把家人晾在一边，怎能尽到为夫为妻为父为母为子为女的义务？紧张地工作、学习五天之后，正该是合家团聚、休闲、共享天伦之乐的好时光，如有一位甚至两位家庭成员因工作而缺席，岂不令人扫兴！

有这样一个故事：

史蒂夫是一个很勤奋的主管，差不多每天都是马拉松式地工作着。不单个人如此，甚至要求下属和他一起共同进退。其中一个叫吉姆的下属，也是抱着“工作就是生活的全部”的态度。

直至有一日，他的儿子跌伤了脚，这皮外伤固然不碍事，可问题就出在儿子对他的态度仿佛陌生人，若即若离，并拒绝接受他的安慰，使他感到十分可悲。

经过这件事，吉姆受到很大打击，他发现，自己原来一直错过了生活中最重要的东西，就是与家人的亲密关系。为了补救这关系的缺口，他和上司史蒂夫商议，寻求解决方案，而大前提是："以工作素质来评价我的能力，而不是以我逗留在办公室的时间作为表现的准则。"

工作与生活是两回事，应该用两种不同的态度来看待。工作上，不管你是医生、律师、会计、出纳还是司机，你扮演的只是职务的角色，当回到真实生活时，你要演的才是自己。

这个世界上有那么多有趣、好玩的事，值得去发现、去探索、去研究，而工作只是其中的一部分而已，我们千万不能因为工作而失去生活，失去自己。

在竞争日益激烈的现代社会，生活节奏变得越来越快，每个人活得越来越压抑，越来越没有自己的空间。

我们终日被工作日程表束缚着，那上面记满了我们每天必须要做的事，它占据了我们生活的中心，而在我们要稍微放松一下时，又被电视、电影、电脑游戏、健身场所、娱乐中心淹没。这看似忙碌的生活也掩盖了现代人害怕无聊寂寞的事实，我们几乎没有了独立思考的时间，再也不能给自己的心灵放假了。

爱琳·詹姆丝曾经是美国倡导简单生活的专家。作为一个作家、一个投资人和一个地产投资顾问，她在这个领域努力奋斗了十几年。有一天，她坐在自己的办公桌前，呆呆地望着写满密密麻麻事宜的日程表。突然，她意识到自己对这张令人发疯的日程表再也无法忍受下去了。自己的生活已经变得太复杂了，用这么多乱七八糟的东西来塞满自己的生活，这简直就是疯狂而愚蠢的。于是，她做出了一个决定：摒弃那些无谓的忙碌，多给自己的心灵一点时间。

她开始着手列出一个清单，把需要从她的生活中删除的事情都排列出来。然后，她采取了一系列"大胆"的行动。首先，她

取消了所有电话预约。其次，她停止了预订的杂志，并把堆积在桌子上的所有读过、没有读过的杂志全部清除掉。她注销了一些信用卡，以减少每个月收到的账单函件。改变了日常生活和工作习惯，她的房间和庭院的草坪变得更加整洁。她的简化清单总共包括八十多项内容。

爱琳·詹姆丝说："我们的生活已经变得太复杂了。在我们这个世界的历史进程中，从来没有像我们今天这个时代拥有如此多的东西。这些年来，我们一直被诱导着，使得我们误认为我们能够拥有一切东西，我们已经使得自己对尝试新产品都感到厌倦。许多人认为，所有这些东西让他们沉溺其中并且心烦意乱；因为它们已经使得我们失去了创造力。"

受习惯的生活方式的影响，你每天有多少活动是不得不勉强去做的？追求舒适的习惯和繁琐的例行公事，是否让你的日常生活落入浪费时间、浪费精力的陷阱？其实减少那些程式化的活动，并不会减少快乐的机会。

适当的时候，你需要舍弃一些无谓的忙碌，给自己的心灵放个假。当面对工作的负荷，再也无力应战的时候，当遇到烦心事，思绪混乱的时候，不妨给自己一点独立的安静的环境，不妨去公园逛逛，欣赏姹紫嫣红的美景……这时你会突然发现：天是那么湛蓝，云也分外洁白，这个世界真的好美，这时自己也会拥有一份好心情！不妨撑起一把小花伞在雨中漫步，在青石板小巷里欣赏雨中美景，细雨会把你的坏心情洗得一尘不染……

总之，舍掉一些无谓的忙碌，时常给自己的心灵放个假，不但会使你疲惫的神经得到适时放松，也会点缀调剂你乏味而平淡的生活。

6

正确看待不完美

俗话说:“金无足赤,人无完人”。我们每一个人,无论自身条件多么完备,无论后天环境何其优越,还是不论别人认为他多么的优秀,甚至不惜用“完人”一词来赞美他的时候,我们也不能认为他就是完美的。就像是世界上没有两片完全相同的树叶的可能性那么小一样,世界上也绝对没有所谓的“完人”。

然而,从人类诞生的那一天起,人类就开始了追求完美的漫漫征程。从先人的“披霜露,斩荆棘”,到现代人的填海造陆,遨游太空;从老子的“小国寡民”,陶渊明笔下的“世外桃源”,到如今的“和谐社会”的提出,都无疑从不同方面反映了人类对完美生活的追求。可如今的现实已经证明,不管人在创造中如何小心翼翼,对现实的瑕疵表现得多么敬畏,但最终还是会产生许多人类难以预想的问题。

其实,我们大可不必事事时时都追求完美,因为你会因此而背上沉重的包袱。面对现实,我们每一个人都会想改变它,使它成为我们成功的阶梯;面对未来,我们每一个人都心怀理想,并希望经过自己的一番努力实现它。于是,为了成功,为了实现心中的那个梦,我们日夜不停地学习、工作,熬干了心血,熬白了头发。但请记住,别太追求完美。这并不是一种消极,而是一种睿智。

尺有所短,寸有所长,用李白的诗来说就是:“天生我才必有用,千金散尽还复来。”我们追求完美,是因为我们认为只有完美,才能获得爱,获得友谊,获得幸福。殊不知,亲人和朋友,并不是因为我们的完美才爱我们的,缺点也许使人更加真实。

曾听过这样一则故事:

一个圆环被切掉了一块,它想使自己重新完整起来,于是就

到处寻找丢失的那一块儿。可是因为它不完整，所以滚得很慢，它欣赏路边的花儿，它与小虫聊天，它享受阳光。它发现了许多不同的小块，可是没有一块适合它，于是它继续寻找着。

终于有一天，圆环发现了非常适合自己的那个小块，它高兴极了，将那小块装上，然后就滚了起来，它终于成为完美的圆环了。它能够滚得很快，以致无暇去欣赏花儿，无暇去和小虫聊天。当圆环发现飞快地滚动使它的世界再也不像以前那样绚丽有趣时，它停住了，把那小块丢到路边，缓慢地向前滚去。

人哪有完美的，人生哪有完美的？人生并不会因为完美而精彩，就像上面说的这个圆环，正是因为有了残缺，才有梦，有希望，正是因为不完美，才不会停止追求的脚步。

国学大师季羡林老先生曾说过："每个人都争取一个完满的人生。然而，自古及今，海内海外，一个百分之百完满的人生是没有的，不完满才是人生"。

想想确实如此：除了苏东坡先生的"人有悲欢离合，月有阴晴圆缺，此事古难全"外，有"鱼与熊掌不可兼得"，还有"不如意事常八九，可与言人无二三"，等等。由此可知，人自从一生下来，面对这个未知的世界，就注定了每个人生都是不完美的。

有个人非常幸运地得到了一颗硕大而美丽的珍珠，他却觉得遗憾，因为珍珠上面有个小小的斑点。他想，若除去这个斑点，它该是多么完美呀！于是，他刮去了珍珠的一部分表层，但斑点还在；他又狠心刮去一层，但斑点依旧存在。于是他不断地刮下去。最后，斑点没有了，而珍珠也不复存在了。此人于是一病不起，临终前，他无比后悔地对家人说："当时我若不去计较那个小斑点，现在我手里还会攥着一颗硕大美丽的珍珠啊！"

其实，我们每个人的脚边都有彩贝，手里都有珍珠，只是我们不懂得珍惜，不善于享用，因而错过了不少好运，辜负了不少美丽。

生活中，职场里，多少失落、痛苦和不幸正是源于它。若过于执著且不肯变通，必然陷入完美主义的心理误区。欲除掉珍珠斑点的那个人一定是最痛苦的人。因为在他的眼中，看到的多是不完美，因而一次次与机遇擦肩而过，与成功遥遥相望，最终只落得两手空空。身在职场的你，难道不有所启发吗？

7

用心经营自己的家庭

去年春节晚会上，有一个小品《新房》，讲述的是一对年轻情侣，男方为了给未来丈母娘看房子，自己找朋友借了一套房，然后伙同老爸说谎，从而闹出了种种笑话。小品中有一段话很经典：生气不是房子的事，是你们骗我。做父母的当然希望女儿找一个条件好的，但更重要的是找一个用心来疼爱她的小伙子。房子不是家，有爱才有家。

小品既令人捧腹，又发人深省。“有爱才有家”，被网友称为当年春晚最给力的一句话。

有人也许不明白：为何衣食无忧却心里惴惴，了无着落？为何身居暖室却仍感身心寒冷，孤苦无依？为何走了那么远的路却仍感觉前途渺茫，不知路在何方？其实答案很简单：你可能在工作上大有起色，但没有经营好自己的家庭；如果没有爱，即使身居皇宫豪宅，同样是一无所有！

在美国洛杉矶，有一位醉汉躺在街头，警察把他扶起来，一看是当地的一位富翁，当警察要送他回家，富翁却说：“家？我没有家。”警察指着远处的别墅说：“那是什么？”“那是我的房子。”醉眼蒙眬的富翁看到的只是房子，因为没有爱，没有温暖的亲情，他不觉得那是家。

由此可见，即便物质上很富有，如果没有亲情和爱情就算不上有“家”。家是什么？装修豪华的别墅吗？山珍海味的家宴吗？其实都不是，起码不完全是真正意义上的家。没有爱的别墅只能叫房子，缺少欢声笑语的家宴只能叫吃饭。

所以说，家是爱的城堡，有爱才有温暖的家，只有家才能抚慰受伤的心灵，只有家才能收藏自己的欢喜悲伤。充满爱的家庭永远是我们每个人一生向往的人间天堂，忽略了家庭生活，生命就会存在缺憾。

如果对方是你的最爱的人，你们共同筑成了家的城堡，那么，用心爱她，让她活得幸福和快乐，就会被你视作是一生中最大的幸福，所以，你还会为了让她生活得更加幸福和快乐而不断努力。幸福和快乐是没有极限的，所以你的努力也将没有极限，绝不会停止。

可能有人认为这样会活得很累，其实累只是表象，因为你所做的这一切都是心甘情愿的，而且在做这些事的过程中，精神上是愉悦的、幸福的。

爱情从来不会自然死亡，只会死于被忽略与被抛弃。不断地浇灌和滋养，它才能有生命力，开出美丽醉人的花朵，并且长开而不会凋零。所以说，我们要用心经营自己的家庭，用爱呵护自己的幸福。

谁都想过得幸福快乐，但并非人人都能如愿。幸福其实很简单，她只喜欢勤劳和聪慧的人，她不会莫名其妙地出现，也不会无缘无故地惠顾。所以有人说，爱情像片农田，幸福肥料其实只要一点点，只要懂得浇灌、勤劳呵护，幸福就会拥有。

其实，爱情不一定非得惊心动魄，海誓山盟，那些持之以恒的温暖细节往往更能潜移默化地滋润爱的心房。许许多多的幸福时刻，都是由那些生活的点点滴滴汇集起来的。比如，丈夫出门总是很自然地伸出手，等待妻子的手伸进他的手中，在握住他的手的那一刻，妻子会感到无比安全和幸福。如果两口子约好在某个地方相会，丈夫看见妻子出现的那一刻，就会张开双臂等待妻子冲过去跳到他身上，那个时刻他们根本不在乎身边还有多少人在旁观，只是自顾自地享受着属于他们两个人的幸福。或者夫妻两人和朋友出去吃饭的时候，丈夫都会为妻子点一个爱吃的菜。工作的空档，丈夫会突然给妻子打个电话，只为了说声“我想你了”。这些都是属于人们的幸福瞬间，而正是这些瞬间一天天一年年累积成一串幸福的项链，无时无刻不散发着它耀目的光彩。

浇灌和滋养爱情的方式很多，也不存在时间、地点的局限，随时随地都有机会，全凭心灵去寻找。

例如男人：你可以没有奔驰，但你有脚，你可以带着老婆孩子郊游一次，或者哪怕是在公园散步，摘朵野花插在头上，你的妻儿同样会笑得开心;你可以没有很多钱带妻儿去五星级酒店吃龙虾鲍鱼,但你有手,可以为他们早起煎几个荷包蛋当早餐,他们吃得也会很香;你可以没有钻戒、金项链来表达爱情,但是你应该有10元,在平常的日子里买一朵便宜的玫瑰,来满足女人的感性、浪漫的情怀;你可以没本事让孩子到贵族小学、中学就读,但你可以利用你的空闲,带孩子到书店去阅读,孩子同样也可以吸取知识;你可以没有豪华五星级的家,但你可以拖地、擦窗、抹桌,把家收拾得整洁漂亮,你可以没钱给妻子买高级的时装,但当妻子没空你会代她洗衣服时,她也会觉得快乐。

例如女人:你可以没有倾国倾城之貌,但你应该有温柔的表情,发自内心的甜甜的笑容,让家里总是阳光灿烂;你可以没有梦露那样的魔鬼身材,但你可以把自己整理得干净、斯文,让他有拥抱你的欲望;你可以没有丰厚的嫁妆就嫁给他,但你可以有包容他的父母、亲人的心;你可以没有多少存款,但他家人来了你必须有招呼几顿饭的大方;你可以选择离开他,但你不能抱怨他没出息。倘若你离不开他,就要给他打气,而不是打击;或许你无法给孩子漂亮的外表,但你可以给孩子一颗善良的心;或许你在事业上帮不了他多少,但你可以在他朋友面前给他留足面子。

总之,幸福和谐的家庭,是建立在日常的关心和爱护的基础上的,永远鲜活的爱情,需要你不断地用心浇灌和滋养。

第七章

轻装上阵淡定前行，减法生活不纠结

减缓脚步，松弛神经，轻装上阵，淡定前行，将牵绊自己的移开，将给自己压力的放下，将心中的忧虑倾出，身心自在地活着，这就是减法人生。减法人生不纠结，因为它可以减少些忙碌，给自己时间品一盏春茶。别等所有你舍不得丢的东西都随岁月流失后，才发现没能好好享受生活，守住自己的快乐。

1

还自己简约的生活

简约的生活对我们每个人都有不同的意义和价值。作为职场人，简约的生活就意味着去粗取精，避开纷争去追求内心的平和，以及把时间花在真正对自己重要的事情上；这就意味着摆脱纠缠不清的种种，把这些时间用来陪伴自己心爱的家人。避开一些杂事，你的生活将变得更加有价值。

然而，还自己简约的生活，让生活变得简单，并不像说起来那么容易。因为简单的生活是生命的过程，而不是目的。

比如在工作和生活中，习惯常常驱使我们去做一些日常琐事。我们总是担心如果不去做，就会失去某些东西。其实，也许我们的确会失去什么东西，但是这没什么不好，我们还是好好地活着，不仅仅还活着，而且活得更潇洒了，因为我们再也用不着试图去做所有的事情。看看那些对人类的艺术、音乐、科学做出过卓越贡献的人，毕加索、莫扎特、爱因斯坦……这些人都生活在极为简单的生活之中。他们全神贯注于自己的主要领域，挖掘内在的创造源泉，因此，获得了丰富精彩的人生。

人生负重有时候是因为我们额外地增加了一些不必要的工作，表面上看起来，我们是有所追求，是积极向上，但是仔细分析之后就会发现，我们陷入了为忙碌而忙碌的怪圈之中。为了不承担懒惰、消极的恶名，或者为了一些可有可无的消费享受，我们把自己支使得团团转，这实在是一种错误的心态。

闲暇之余，你不妨拿出一张纸来，列一个表，把自己自制的娱乐方式

和娱乐项目列出来。想想野炊或野营，锻炼一下身体或种点花草，甚至读书、画画、写文章都挺有趣的。虽然这些娱乐游戏和活动很简单，但它会让你感到开心。

伟大的哲学家尼采曾经说："所有的伟大思想都是在散步中产生的。"生活中一些不起眼的活动能让你感到轻松舒适，散步就是其中最好、最简单，也是最廉价的一种。

当然，过简单生活不再意味着必须抛弃舒适的轿车和豪华别墅，返璞归真更主要的指向是回到精神田园的丰富多彩与轻松愉快中。

同时，简化生活大可不必循序渐进。作为职场中人，以下一些观点，也许并不是每条对你都管用，你只需取走那些最适合你的。

(1)审视你的时间

你怎么度过你的一天？从你早晨睁开双眼的那一刻到你睡下，你的一天都做了哪些事情？列张清单，看清单上的这些是否与你终极的生活目标相一致。如果不一致，赶快停止做这些杂事。重新设计你一天的时光，把注意力集中在你终极的生活目标上。

(2)减少你的工作任务

我们的工作日总是被无穷无尽的任务填满。但如果你将所有任务都从你的日程里划去，你终将一无所获，连对你重要的事情也无法达成。正确的做法是：把精力集中在关键重要的事情上，其他的舍去不做。

(3)减少你的家务

细心地梳理出你需要在家中处理的每一件事，看是不是也和工作任务一样无穷无尽。对于过多的"家庭作业"，我们同样感到无能为力。专注于最重要的事情，尝试减少繁冗的工作。

(4)学会拒绝

拒绝是简化生活的关键习惯。如果你不懂如何拒绝，你的负担将会过重。

(5)控制你的通信

我们的日常生活被各种各样的通讯方式占据：e－mail、即时通信工具、手机、手写信件，skype，twitter，各式各样的论坛等等。如果你不刻意控制，这些事就要占尽你一天的时间。因此，要控制你的通讯，设定一个时间限制，然后严格地去遵守。

(6)清理杂物

如果你花上一个周末的时间用来清理杂物,感觉一定会很棒。

(7)控制你的购买欲

你大可避免沦落为一个物质主义者和消费主义者。如果你能摆脱一个物质主义者的消费习惯,你会很少对某些东西感到狂热,花更少的钱,买更少的东西。

(8)找出时间独处

独处对人有好处,尽管有些人并不习惯这样。独处使你内心平和,也使你能倾听到自己发自内心的声音——虽然这种说法听起来很新奇,但是它绝对可以使你平静下来。

做完这些,我们还要时刻问自己:这么做会使我的生活变得更加简约吗?如果答案是否定的,那就考虑重新来过吧!

2

扫清尘埃清洁生命

在公司里中,你一定有过年前大扫除的经验吧?当你一箱又一箱地打包时,是不是在感叹自己怎么积累了那么多的东西?你是不是懊悔自己为何事前不多花些时间整理,淘汰一些不再需要的东西,否则,今天就不会累得连腰也直不起来?

收拾房间,擦拭灰尘,是我们生活中天天要做的事情。我们现在的生活环境中,经常会有你眼睛看不到的纤细灰尘从看似洁净的空中落下。一天不擦,也许看不到桌面和地板上纤细的灰尘;两天不擦,也许只看到一点点有些发白的灰尘的影子;三天不擦,这房间就会让人有种特别不舒服的感觉;四天再不擦,那些也会欺负人的灰尘可能就会明目张胆地在你

的眼皮底下跳舞了。于是，正常的我们，几乎是天天把房间收拾一遍，把灰尘擦掉。这样，在洁净我们生活的空间的时候，也给我们带来一份愉悦的心情。

通过打扫尘埃，让很多人懂得这样一个道理：人的生命也和房间一样，一定要随时清扫、淘汰不必要的东西，日后才不会变成自己的负担。

生活如此，工作又何尝不是如此！在人生路上，每个人不都是在不断地积累东西？包括你的名誉、地位、财富、亲情、人际关系、健康、知识等等，当然也包括了烦恼、忧闷、挫折、沮丧、压力等等。这些东西，有的早该丢弃，有的早该储存。

许多人，每天忙忙碌碌，把自己弄得疲惫不堪，以至于从来没有静下心来，替自己做一次"清扫"。其实，在人生诸多关口上，我们几乎随时随地都得做"清扫"。念书、出国、就业、结婚、生子……每一次转折，都迫使我们不得不"丢掉旧的你，接纳新的你"。把自己重新扫一遍，只有扫清尘埃，才能清洁生命。

不过，有时候某些因素也会阻碍我们放手进行大扫除。譬如，太忙、太累，或者担心扫完之后，又要面对一个未知的开始，而自己又不能确定哪些是自己想要的，万一现在丢掉了，将来又捡不回来，怎么办？

的确，心灵清扫原本就是一种挣扎与奋斗的过程。不过，你可以告诉自己：每一次的清扫，并不表示这就是最后一次。而且，没有人规定你一次全部扫干净。你可以每次扫一点，但至少应该丢弃那些会拖累你的东西。

生命里填塞的东西越少，就越能发挥潜能，有时学会放开胸襟，学会忘记，都是对生命的清洁。

比如说，对人家攻击自己的恶语念念不忘，对自己不正确的想法抱住不放，挥之不去的是对物欲、权欲等身外之物的过分追求。

生命是一次旅行，职场也是一次旅行，任何旅程都拒绝累赘，都需要轻装，所以我们便要像天天清洁房间一样，随时清洁自己的心灵。以真善美为原则，清除垃圾，丢掉该丢掉的，随时以一种豁达的心态，轻灵的姿态、整洁的仪表，笑对人生。

生命的进程就如同参加一次旅行，你可以列出清单，决定背包里应该装些什么才能帮助你到达目的地。但是，必须记住，在每一次停下来时都要清理自己的口袋:什么应该丢,什么应该留,把更多的位置空出来,让自己活得更轻松,更自在。

凡用过电脑的人都知道,回收站是需要经常清空的,否则会占用过多的空间,影响计算机的运转速度。人的头脑也是。你不能什么都扔掉,你也不能什么都留着。聪明的人善于适时取舍,于是聪明的人就会很快乐。

佛书里有这样一个故事:

> 鼎州禅师与小沙弥在庭院里散步,突然刮起一阵大风,从树上落下了好多树叶。鼎州禅师就弯下腰,将树叶一片片地捡起来,放在口袋里。小沙弥说:"师父,落叶这么多,您在前面捡,它后面又会落下来,那您要什么时候才能捡得完呢?"鼎州禅师边捡边说道:"树叶不光是落在地面上,它也落在我们心地上,我是在捡我心地上的落叶,这终有捡完的时候。"

也许我们无法避过生命中漂浮着的微尘,但千万不要忘记去拂拭。无论是在生活中,还是在工作中,抑或是在无边的心海,都需要一个洁净的空间。所以,我们要把时常"打扫"坚持下去,持之以恒。只有这样,我们的心才会如生命之初那般清洁、明净、透明,才能更好地生活、更惬意地工作。

3

减少欲望找回自我

一位哲人说过,生命是一团欲望,欲望不满足便痛苦,满足便无聊。在现实中,我们很少去想自己已有的东西,往往竭尽全力去追寻得不到的东西,好像那里有幸福和快乐等着我们,可实际上,我们的力不从心的追寻却恰恰让我们忽视了眼前的快乐。

所以有人说，人生就像爬一座山，各种各样欲望就像包袱，欲望越多就越沉重，别说险峰上的无限风光无缘尽览，就连欣赏沿途景色的快乐心情也荡然无存。

欲望是一种慢性毒药，要想获得成功，获得幸福，只有减少欲望，找回自我，才能轻装上阵，攀登上希望的巅峰。

重庆石桥铺南方新城风林丽舍小区，有一名保安叫刘维贤。他穿着一件普通的军绿色夹克，脚上是一双有些破旧的运动鞋，手臂上戴着一个红袖章，上面写着“联芳桥社区居委会小区交通管理员”。

“小伙子，车停在线内哟，大门不能挡。”见门口有私家车想停，他立刻出去指挥。

没过几分钟，又来了一辆给小区幼儿园送日用品的货车。见两名工人卸货有些吃力，刘师傅马上上前帮忙。虽年过六旬，但他搬东西的动作却非常麻利。刘师傅忙上忙下，几乎没有片刻休息。不少业主回家，他都会笑着打声招呼。

刘师傅和其他3名退休职工，是居委会聘请的小区交通管理员，每月工资仅有600元，不到小区保安的三分之一。可是有谁知道，刘师傅只是为人低调，其实家境非常富裕———他住的是近200平方米的花园洋房，平常出入都开一辆20多万元的三菱商务车，去年还到澳大利亚度假半年，日子过得相当滋润。

刘师傅为何放着富裕的日子不享受而到小区来当保安呢？用他自己的话说就是：我喜欢帮助别人，我高兴，这样我才真正找回了自我。

有次，小区一位女业主装修房子，拉来一大堆木板，想花钱请人帮忙搬进家。刘师傅得知后，便来帮忙搬了三四个小时，到最后没要一分钱。刘师傅还常开着自己的车，为外出办事的物管和业主当免费司机。为了给邻居修水管，他甚至自己掏钱买了一套修理工具。业主们都说“他绝对是小区里最热心肠的人。”

刘师傅坦言，在小区当交通管理员，每天上班时间超过12小时，若轮到上夜班，有时通宵都睡不成觉，碰上脾气不好的业主，还常受冤枉气。但他常跟人说，自己做管理员的工作，图的不是钱，“能帮大家做点事，维护好小区的秩序，是给多少钱都换不来的快乐。”

案例中的刘师傅懂得珍惜现在拥有的，不被欲望左右，因此遇事沉静，快乐终日。不少人一门心思羡慕别人的高薪水，而自己却不思进取，更不懂得职场的收获都是来自己踏踏实实的工作，过多的欲望只会把自己拖得更累。

那么，要怎样才能减少欲望回归自我呢？下面这位索提法师的故事或许对我们职场中人也会有所启发：

曼谷的西郊有一座寺院，因为地处偏僻，香火一直不旺盛。原来的主持圆寂后，索提法师来到这里做新住持。

初来时，他绕着寺院巡视，发现寺院周围的山坡上到处长满了灌木。那些灌木杂乱无章，树的形态肆意而张扬。索提法师找了一把剪子，不时地去修剪一棵灌木，半年过去了，那棵灌木被修成了一个漂亮的圆球形状。僧侣们看到之后，疑惑不解。就问住持，法师却笑而不答……

一天，寺院里来了一位衣衫光鲜，气宇不凡的客人。寒暄让座之后，对方说自己无意路过此地，随便进来看看。法师便很客气地陪客人四处游转行走，客人向法师请教了一个问题：“人怎样才能清除自己的欲望呢？”

索提法师微微一笑返身进入内室拿了一把剪子出来，对客人说：“施主，请跟我来。”他把客人带到了灌木丛，客人看到了法师修剪的那一棵成型的灌木。

法师把剪子递给了客人，说道：“您只要经常像我这样的去修剪一棵灌木，您的欲望就会消除。”

客人接过剪子，走向一棵灌木，咔嚓咔嚓地剪了起来。一壶茶的功夫过去了，法师问他感觉如何？客人笑了笑说：“感觉身体舒展了很多，可是平日堵在心中的那些欲望好像并没有放下。”法师说：“刚刚开始会是这样的，经常修剪就会好了！”

客人走的时候，和法师约定，他十天之后还会再来。法师不知道，这个人就是泰国最负盛名的珠宝大亨，他近来遇到了从未

经历过的生意上的难题。十天后，大亨来了；二十天后，大亨又来了；三个月过后，大亨已经把那棵灌木修成了一只初具规模的鸟型。

法师问他："现在你是否懂得如何消除你的欲望了？"

大亨面带愧色地回答："可能是我太愚钝了，每次修剪的时候，倒是能够气定神闲，心无杂念。可是，一从你这里离开，回到我的生活圈子之后，我的所有欲望依然会像往常那样冒出来。"法师笑而不答。

当大亨的"鸟"完全成型之后，索提法师又向他问了同样的问题，他的回答依旧。这次，法师对大亨说："施主，您知道当初我为什么建议让您修剪灌木吗？我只是希望您每次修剪前，都能够发现，原来剪去的部分又会重新长出来。就像我们人类的欲望，您别指望能够完全把它消除。我们能够做到的，就是尽力把它修剪得美观。放任欲望，它就会像满坡生长的灌木，丑陋不堪。但是，经常修剪，就能够成为一道悦目的风景。对于名利也是这样，只要取之有道，用之有道，利己惠人，它就不应该被看做是心灵的枷锁。"

大亨恍然大悟。此后，随着越来越多的香客的到来，寺院周围的灌木也一棵一棵的被修剪成各种形状。于是，这里的香火渐渐旺盛起来，日益闻名。

索提法师的现身说法让大亨明白：人的欲望是难免的，关键是要学会控制欲望，修剪欲望，减少欲望。

找回自我就是要找回自己的思想，找回你自己的感觉，就像孩童时代时想把小船贴在蓝天一样自信，一样快乐。如果我们没有了个性没有了自己，完全没有了自己的理念，甚至把握不了自己，一切都被欲望左右，又怎么能成功呢？相信自己的感觉，勇敢去面对，不要被欲望控制。谁主宰不了自己，谁就将成为别人的奴隶，谁把握不了自己谁就将一事无成。

4

人生要学会忘记

人生总要经历很多，有些人无法羽化成铭记，有些事无法沉淀为回忆。对于一些伤痛的人与事，要学会走过了就要淡漠，转身了就要遗忘，唯有如此，我们的行囊才不会太沉重，我们的身心才不会太疲乏。相聚是短暂的，分别是永远的，没有人能是你永恒的挂牵，不要让任何事成为你所有的渴盼。

在博客里读过这样一篇短文：

一天晚上，我去看望一位遭人诬陷的朋友，吃饭时，朋友接了个电话，我听出来是有人要告诉朋友诬陷他的人是谁，朋友说你千万别告诉我，我不想知道。我有些诧异，朋友解释说，知道了又怎么样？有些事不需要知道，有些事需要忘记。

无疑，这位博主的朋友很豁达。人生不如意事十之八九。要让自己快乐，就必须给自己减压，减压的最好方法就是学会忘记，人生需要能拿得起，有时候放得下更重要。佛经里有个小故事：

小和尚和老和尚一起去化缘，小和尚毕恭毕敬，什么事都看着师父。走到河边，一个女子要过河，老和尚背起女子过了河，女子道谢后离开了，小和尚心里一直想着，师父怎么可以背那个女子过河呢？但他又不敢问。一直走了20里，他实在憋不住了，就问师父："我们是出家人，你怎么能背那女子过河呢？"

师父淡淡地说："我把她背过河就放下了，可你却背了她20里还没放下。"

老和尚的话充满禅意，仔细想想，也是人生的道理。人的一生像是一次长途跋涉，不停地行走，沿途会看到各种各样的风景，历经许许多多的坎坷，如果把走过去看过去的都牢记心上，就会给自己增加很多额外的负

担，阅历越丰富，压力就越大，还不如一路走来一路忘记，永远保持轻装上阵。过去的已经过去了，时光不可能倒流，除了记取经验教训以外，大可不必耿耿于怀。

乐于忘怀是一种心理平衡，需要坦然真诚地面对生活。有些人能够忘记失意时的尴尬和窘迫，却对顺境时的得意津津乐道，岂不知成功和失败一样会留在过去，老是沉湎于过去不能释怀，常常拿明日黄花当眼前美景，让过眼烟云在心头永留，沾沾自喜，自鸣得意，陷自己于虚妄之中，便会不思进取，裹足不前。

印度诗人泰戈尔说过："如果你为失去太阳而哭泣，你也将失去星星。"为鸡毛蒜皮斤斤计较，为陈芝麻烂谷子耿耿于怀，只怕心灵之船不堪重负，记忆之舟承载不下，会让痛苦的过去牵制住未来。老是念念不忘别人的坏处，实际上深受其害的是自己，既往不咎的人，才是快乐轻松的人。

一位母亲，在一次车祸中失去了唯一的儿子，她痛苦得无以复加。她每天都去求佛陀让她的儿子活过来。佛长叹一声，说道："只要你到一个没有死过亲人的人家那里，要一粒麦粒给我，我就让你的儿子复活。"被痛苦折磨得迟钝了的母亲听后欣喜若狂，可是她跑遍全城也没有找到一户这样的人家。等她失望而归时，佛对她说："学会忘记，才能从痛苦中走出来。"

人常说"万事如意"，其实这只不过是人们对美好生活的祝福而已。事实上，人活一世，谁也躲不过痛苦。或是亲情的疏离、情感的破裂，或是受人迫害，事业上遭遇瓶颈……痛苦不可怕，可怕的是与痛苦对峙一生。

心灵的伤痛无药可医，唯有学会忘记。沉湎于昨日的失意，是脆弱的；迷失在痛苦的记忆里是可悲的；无法忘记过去的人，常常连今天也失去。即使再痛，即使再苦，云开雾散的往事，也会一点点淡忘，随你老去……无论你怎样痛苦，结局都会是一样的。此外，当你无数次翻那些陈年旧账时，你的痛苦将远远大于快乐。因此，不要总把现实偶尔加给我们的一点儿痛苦，放在我们有限的生命里反复咀嚼，那将得不偿失。忘记，是对生命的一种过滤，是对痛苦的一种疏导。

也许，有些话，适合烂在心里，有些痛苦，适合无声无息地忘记。痛苦只会让你的生活变得更糟，而伤害你的人却可能毫发无损，从没有因为伤害过你而有一丝愧疚之情。这样一想，你就应该努力让自己忘记过去，过得更幸福。只要活着，一切就还有机会，还没到山穷水尽的地步，寻找并开始另一种生活会比你纠结在这种痛苦中会更有意义。

其实，失去了未必就是痛苦，得到了也未必就是幸福。忘记失败，你便能充满信心，勇敢地面对未来的挑战；忘记痛苦，你就可以摆脱梦魇纠缠，让整个身心沉浸在悠闲无虑的宁静中，体味人生多姿多彩的缤纷；忘记恩怨，你便能摆脱报复的阴影，化干戈为玉帛，心平气和地善待他人，与朋友重结秦晋之好；忘记疾病，就不会为身体的不适而悲哀，就不会因生理的有恙而影响心理的健康；忘记遗憾，你便能放下包袱，轻装上阵。你要相信：明天不一定会更好，但更好的明天，一定会来的！

有首诗歌说得好：春有百花秋有月，夏有凉风冬有雪。若无烦恼挂心头，便是人间好时节。忘却苦痛，洒脱人生，心无挂碍，你便会觉得生活是如此美好，工作是如此称心。

5 为失去而感恩

我们一直都在为拥有而感恩，但很少有人能够真正读懂失去。面对失去，很多人总是不愿意相信、更不愿意接受这一事实，所以只能一味地活在痛苦中。但如果能够换一个角度，学着为失去感恩，你的人生历程则可能就会少一些盲目，多一些坦然。

在人的一生中，要经历无数的失去，学会为失去感恩，勇于承受失去的事实，是走出失去的阴影，获得重新生活的勇气。当我们失去了曾经拥有的美好时光，我们总是会更加感叹人生路的难走。其实大可不必如此，不管人生是得还是失，我们都应致力于让自己的生命充满亮丽与光彩。不再为了过去掉泪，笑对明天的生活，努力活出自己的精彩，前途也会是

一片光明。

从小到大，我们都向往“得到”，得到一块糖果，小小的心灵会充满快乐；得到一句奖励，幼稚的脸庞会写满阳光；得到一个工作，会感到人生之书正在翻开精彩的一页；得到一次升职，会兴奋得难以成眠，觉得前途无限光明……

一直以来，我们也都会为“失去”而悲伤。汉语词典中与“失”有关的词语都带有感伤色彩：失踪，失眠，失恋，失职，失散，失宠，失窃，失足，失望，失落……从内心来说，我们渴望拥有，害怕失去，失去会让我们不安、颓丧，在心灵的天空中抹上灰暗的乌云。失去一次成功的机会，天昏地暗；失去一个倾心的爱人，日月无光；失去一笔唾手可得的财富，捶胸顿足……

其实，得失之间，只有一线之隔。塞翁失马，祸福相依，得到的同时必然意味着失去，失去的背面也许就是获得。君不见：周幽王点燃烽火得到美人一笑，却失去诸侯们的信任；李自成辛苦创业得到天下，却因志得意满而失去民心；张继失去登上皇榜加官晋爵的机会，却以一首《枫桥夜泊》成就千古文名；史铁生失去自由行走的能力，却在文学殿堂闯开一条辉煌之路；邰丽华失去丰富的听觉世界，却用优美的舞姿向世人展示撼人心魄的视觉奇观……

可见，很多时候是你只有失去了才会有获得，生活中其实没有什么东西是不能放手的，昨日渐远，你会发现，曾经以为不可放手的东西，只是生命中的一块跳板而已，跳过了，人生就会更加精彩。人在跳板上，最艰难的不是跳下来的那一刻，而是在跳下来之前，心里的犹豫、挣扎、无助和患得患失，那种感觉只有自己才能体会得到！

> 法国一个偏僻的小镇，据传有一个特别灵验的水泉，常会出现神迹，可以医治各种疾病。有一天，一个拄着拐杖少了一条腿的军人，一跛一跛地走过镇上的马路，旁边的镇民同情地说：“可怜的人，难道他要向上帝祈求再有一条腿吗？”这一句话被军人听到了，他转身向他们说：“我不是要向上帝祈求要一条新的腿，而是祈求他帮助我，让我在失去一条腿后，也知道如何过日子。”

学习为失去感恩，勇敢接纳失去的事实，只有这样我们才能在得与失的过程中让自己的生命充满亮丽与光彩。试想：如果那位军人要向上帝祈求有一条新腿，而上帝又无法满足他，其结果只能是增添自己的烦恼，但如果接受既成事实，懂得自己必须靠自己继续生活下去，而不是陷入悲戚与绝望之中，生活展现给他的将肯定是另外一番样子。

人生在世，会有许许多多的希冀、期盼与梦想。然而，有许多时候，它们不会成为令人陶醉的现实。希望大路平坦笔直，却常有蜿蜒和崎岖；希望播种后能五谷丰登，却常有风霜雪雨。

有一则故事，说的是风浪中一条船沉了，唯一的幸存者被风浪冲到了一座荒岛上。每天，这位幸存者都翘首以待，希望有船来将他救走。然而，他盼得“花儿都谢了”，还是没有船来。为了活下去，他用树枝给自己搭建了一个“家”，每天，他都会向上帝祈祷。然而，祸不单行，一天当他外出寻找食物时，未燃尽的火堆把他的“家”化为了灰烬。他眼睁睁地看着滚滚浓烟消散在空中，悲痛交加，眼中充满了绝望。

第二天一大早，当他还在痛苦中煎熬时，风浪拍打船体的声音惊醒了他，一只大船正向他驶来。他得救了。

“你们是怎么知道我在这里的？”他问。

“我们看见了你燃放的烟火信号。”

从这个故事中我们可以得到这样的感悟：人的一生，总在得失之间，在失去的同时，也往往会另有所得。我们只有认清了这一点，才不至于因为失去而后悔，才能让生活变得更快乐一些。

很多时候，我们正是因为失去才有了更大的收获。正如同失去了手中的火把，但却换来了心中的亮光。我们应该都还记得《千手观音》的舞者，就是因为失去才让她们的舞蹈充满了独具特色的审美魅力。因为失聪，她们反而能够用心的节拍起舞，手伸是海，手抬是山，手弯是路，手抖是光；每一个有韵律的手动，都会给予观众阳光般的感受。还有那断臂的维纳斯，因失明而有《二泉映月》的阿炳……他们都在告诉我们，对很多失去的东西，我们都应该学会放手的，因为在我们生命的过程中，没有什么是不可或缺的。

俗话说：“失之桑榆，收之东隅。”不要为失去而烦恼，要学会为失去而感恩。但是，很多人还是不明白这个道理，他们还是在追逐着已经失去的东西，还在为失去的东西感叹和悲伤。这样的话人的内心就无法变得坦

然，对实现也就无法接受，更感受不到身边依然存在的幸福。生活是有得有失的，人们正是在得与失之间体验人生的，失去让你体会到珍贵，也让你懂得珍惜。所以，以感恩的心来面对生活，生活才会赐予你更多的福祉。

6 让生命透透气

让生命透透气，仔细想想这句话，很有意思。所谓透透气，就是要学会在紧张中适时放松自己。绷得太紧的弦会断，太紧张的生活会把人累倒。在这个忙忙碌碌的尘世，无论你从事的是体力劳动还是脑力劳动，在你感到疲累时，你都要给自己放松一下，让生命透透气。

当你在工地挥汗作业时，抬起头来，看一下天空，爽爽地喝口水；

当你在田头辛勤耕耘时，直起腰来，挥一把汗珠，朗朗地笑一声；

当你在院校研究课题时，站起身来，推一扇窗户，深深地望一眼；

当你在公司制定指标时，推开键盘，展一下腰身，轻轻地舒口气……

这就是放松，就是透气。劳动是辛苦的，劳动也是快乐的。人的一生大部分时间是在劳动，劳动是苦乐交融的，劳动者的身体更是宝贵的。

放松不仅是在节假日，工作中的每时每刻，你都可以让自己放松。

当然，放松不需要太多的技巧，也不需要太多的时间，喝一口水、笑出声来、望向远方、舒一口气，你，都能做到。

工作需要放松，生活也需要放松。笑，是放松的最好方法。

或许，你会说没啥可以乐的。是的，工作压力大，生活琐事多，这都让你忧虑，还有很多不尽如人意的，你乐不起来，只是你一定不清楚，忧虑只能带来烦恼，悲伤只能带来疾病，而笑声却是你最好的友伴。

魏书生是大家熟悉的教育家,因为他突出的成绩而屡获殊荣。随之而来的是社会兼职不下几十个,各地参观学习的人员纷至沓来,公开课讲了1000多次,足迹遍布全国所有省、直辖市,作报告2000多场。每年在外的时间就有几个月,还要处理大量的来信,每天写几千字的经验、体会,担任班主任,教两个班的语文。就是在这样繁杂的工作下,魏老师始终保持旺盛的工作精力,饱满的工作热情。这一切都来源于他的自我放松。

所谓自我放松,首先是要自我调节。每天利用工作中闲暇的几分钟,十几分钟,双目微闭,内视鼻尖,以鼻对口,以口问心,气沉丹田。脑中再现自己喜欢的景色,而且全身心的融入其中,调意,调身,调息。

我们的工作,有时候的确很繁杂。一天下来,也是头昏脑涨,身心疲惫。不妨在学习魏书生老师教育教学方面经验的同时,也学习一下他调节自己身心的方法,放松自己,工作就会轻松愉快高效率。

有本书上说:握紧拳头,我的手里是空的;伸开手掌,我却拥有了整个世界。是啊,人生是要学会放松自己,是要善于让自己轻松应对一切,自在、随缘地生活的。只是,放松不是放弃,轻松不是懈怠,自在不是放逸,随缘不是随便,不执著不是不认真。

哲人们认为,生活的意义在于简单。因为,人,一简单就快乐,一复杂就痛苦!但是,这世间的一切,不会因为你的不解而变得简单和透明。因此,不要报怨,也无需过于苛责自己。只要可以保持一种泰然的态度,冷静地迎对,眼前的迷雾自然可以一层一层地拨开。所以,有空就睡觉,养好身体;有闲就读书,养好精神。为名忙,为利忙,其实是瞎忙;劳心苦,劳力苦,其实是白苦。从天堂到地狱,人间是我们走过的最美的一段。为什么我要纠结在那些无意义的事情上呢?

其实,我们的生活就像一个万花筒,五颜六色,唱着不和谐的歌。由于人们的经历不同、生活方式不同、所以对待生活的态度、方法各有不同。不管怎样,在竞争日益激烈的今天,学会放松、平和自己的心态,对健康都有非常积极的作用。下面是某心理学家的忠告,对我们放松自己或许有所启迪。

(1)对自己不要有过高的要求

生活中人们总会有自己的目标，但要把目标要求定在自己力所能及的范围，这不仅仅有利于实现，而且心情也容易舒畅。

(2)对待他人期望值不要过高

生活中人人都是一个独立的个体，你千万别把希望寄托在他人身上，这样，倘若对方达不到自己的要求，你也不会大失所望。

(3)须让步时学会宽容后退一步

一个有很深修养、品德高尚的人，一个能做大事业的人，处事会从远处着眼，胸怀开阔、容纳百川。

(4)要善于疏导愤怒情绪

千万记住，人在发怒时，特别容易失去理智，会将好事办糟、坏事办得不可收拾。为此，在情绪愤怒时要想办法扼制，严防干出蠢事。

(5)找人倾诉、让人聆听你的烦恼

遇到挫折时，把抑郁和不快埋藏在心里，只会使自己烦闷沮丧，如果将内心的烦恼告诉你的亲人、同学、同事、师长等等，心情就会好一些。

总之，人在职场，我们要学会在孤独中爱护自己，要学会在紧张的生活中随时为自己的心灵打开一扇透气的窗，让生命透透气。

第八章

宽容大度和睦共处,和谐人生不纠结

宽容是一种素质,和谐是一种境界。在职场,多一分宽容,就少一分纷争,就少一分干戈,就少一分阴霾;多一分和睦,就多一分理解,就多一分友爱,就多一分感动。宽容别人,表面上看是你不计较他人的错误,而真正感到轻松的却是你自己,宽容别人的同时也将堵在自己心口的那块石头搬掉了,心清静了,澄澈了,也就没有纠结了。

1

和气生财,亦生人脉

俗话说:“和气生财。”可见“和”已经成为长期以来人们追求的理想生活境界。据说,和气会使人精气顺、身体壮,能使人保证做事的成功率。有研究表明:性格温和的人和经常面带笑容的人,更容易拉近与人的距离,从而更容易赢得人脉。

法国的一家城市晚报,曾报道过一个叫拉维耶酒店成功经营的经验。这家酒店不大,甚至连自己的菜谱也没有,但小酒店的生意却异常火爆,这家酒店的老板是一个66岁的和善妇人。据长期在这里吃饭的顾客反映,只要一来到这就有一种宾至如归的感觉,服务生们嘘寒问暖,老板更是笑容可掬。在这个小酒店里,女主人会让客人感觉她像一位母亲,而顾客也不挑剔,像回到家一样,她烧什么菜就吃什么菜,有许多顾客还特别爱吃饭店的剩饭,有位叫阳的顾客就是这样,他竟在这家小店里吃了25年的午餐。有人问阳为什么,阳一口气说出了数十个原因,其中若干个都和女老板的和善有关。

阳第一次到这里吃午餐是因为自己被炒鱿鱼,当他满怀辛酸地走到这个小酒店的时候,女老板和善地问起事情的缘由,并免费送给他一瓶对肝脏有保健作用的中性酒,女老板的和善让阳深受感动,他把心中的委屈和苦恼一股脑地向女老板倾诉,女老板一边倾听他的诉说,一边安慰他,那天,阳不但没有因为烦心事而影响食欲,相反还在女老板的劝慰下食欲大增。

女老板的和善和宾至如归的经营特色，很快吸引了很多顾客，小酒店的人气越来越旺，财富也接踵而来。

有一位叫乔的年轻人，正在和妻子闹离婚，有一次他心情烦躁地到拉维耶酒店用餐，那天酒店的一道菜和乔妻子常做的菜味道相同，让他念起了妻子平日里对自己的种种好处。这时候女老板来到桌前问他菜的味道如何，他使劲地点点头说："味道不错！"乔回家后，发现妻子正好也在做这道菜，就忍不住想尝一尝，对比对比。尝了之后他夸奖妻子道："你烧的菜的味道和酒店老板的一样好。"听到丈夫的夸奖，妻子激动得掉下眼泪，因为结婚以来，妻子第一次得到丈夫的夸奖，后来乔和妻子和好如初了。

酒店生意兴隆的原因是因为老板的和善。其实职场也一样，和善能增加人的吸引力。微笑也是同样，谁不喜欢看一张笑容绽放的笑脸呢？很多人都说性格决定命运，态度也是人生最重要的资本，良好的态度有时候会帮你走向成功。

珍妮是个普通的美国女孩，她既无特殊背景，也无技术专长。美国联合航空公司招聘员工时，珍妮带着她的微笑走进了面试间，面试开始了，主考官却是背对着珍妮说话的，珍妮有几分不解，但还是自信愉快地回答了所有问题。

最后主考官转过身来，对她解释道，因为她的工作将是通过电话来完成有关预约、取消、更换或确定飞机航班的事宜，他背对着她，并非无视她的存在，而是在体会、感受她的声音是否加进了微笑，答案是肯定的，珍妮被录取了。这以后，通过电话顾客都感觉到了珍妮的微笑，这微笑的背后是公司财富的不断增长。

"和"不但是人生追求的目标，同时也是整个社会追求的最高境界，建立和谐社会需要我们从一点一滴做起，因为"和"是会传染的。

和气生财，这是天经地义的，不仅如此，和气也凝聚了人气。有一首《和谐中国》的歌词写道："和风细雨的好时节天地与人和，和颜悦色的好感觉人人很亲和，和气致祥的好人家日子挺祥和，和衷共济的共和国心齐力更和。"这反映了我们现实生活的基调。和谐，是我们中华民族的传统和美德。《论语》上说:“礼之用,和为贵。”和谐,作为一种传统理念可以追溯到远古,它在塑造、影响、形成中国人的心灵和中华民族的品格上,影响极大,渐渐成了中国人的心灵寄托、行为规范、生活皈依。一个民族要有骨气,一个国家要有志气,一支军队要有士气,一个单位要有正气,这些“气”都少不了人气,少了人气,便无从谈起。人气从何来?人气从和来。

天地和降甘露。和谐的社会给人带来宽松的环境、舒适的生活韵律,就像甘露惠及万物一样。世界是异彩纷呈的,生活是绚丽多姿的。一个和谐社会给人们创造更大的空间更多的机遇:社会更加开放透明,思想争鸣更加活跃自由,心情更加轻松舒展,个性追求更加理想。

但和谐来之不易,越是和谐,越是强调秩序。孔子说,治理国家要“道之以德,齐之以礼,有耻且格”。这个“格”就是指规范、制度、法律。思想、学说、言论、主张,可以求同存异,但行为规范和社会制度必须一致遵行,否则各行其是,社会就会因无法驾驭而像一匹不羁之马,又怎样能和谐呢?

和谐社会,人人期盼;社会和谐,人人有责。创造和谐,须先由自己做起,这不仅是交友处世、聚集人脉的“正人”、“君子”之道,也是职场上员工自我修养的一种内功。也就是说,和气,既是一种外在的态度,也是一种内在的修炼。

2 宽容是一束阳光

宽容是一种素质,一种情操,一种美德,更是一束和煦的阳光。宽容不是懦弱、胆怯,而是大度与包容,是笑看风云的情怀与爽朗。多一分宽容,就少一分纷争;多一分宽容,就少一分干戈;多一分宽容,就少一分阴霾；多一分宽容，就多一分理解；多一分宽容，就多一分友爱；多一分宽容，就多一分感动。

世界很小，是个家庭，"人"字的含义就是相互支撑！在这个世界上，没有绝对的对与错，同一件事，立场不同，看法就不一样，如果你觉得受了委屈，那你为何不换个角度来看世界呢？也许，你的感观就会有所改变。不要因为别人的不得已而斤斤计较，心存怨恨，要学会以德报怨，宽容他人。因为，宽容是一束阳光，你宽容他人，就等于善待了自己。

宽容就像酒吧中的调酒师，可以为你调出最美妙的滋味，调出最柔和的色彩，给自己好口感的同时也养了别人的眼；宽容好比夜幕降临时的那一轮皓月，不仅能指引你前行的方向，也能给你一份温暖的关爱。

因此，人与人之间，要互相理解，互相包容。这样的事例，自古就有：

秦王嬴政，听取李斯的喻谏，收回逐客令，不计前怨，广招贤才。若非如此，恐怕会失去一大批客臣的支持，难以创下如此丰功伟业。

这样的例子，现代也屡见不鲜：

著名作家萧伯纳，一次饭后散步，碰见了一位与他有摩擦的官绅。萧伯纳退后一步让官绅先走，可那位官绅毫不领情，板着脸说："我从不对比我蠢的人微笑，也不会谦让。"萧伯纳听后微笑道："我却正好相反。"如果那位官绅懂得以和为贵，就不会受到萧伯纳如此羞辱。听了乡绅的话，萧伯纳不但不生气，反而巧妙作答，给官绅小教训，就避免了一场战争。

比大地宽广的是海洋，比海洋宽广的蓝天，比蓝天宽广的是人的心灵。有的人，因为包容别人，而被别人尊重；有的人，因为被别人包容，而改变了自己的一生……总之，宽容是人与人之间相处的基本原则，还是走向成功的必经之路。它犹如一块块垫脚石，让你越踩越高，直到人生的顶峰。

20 世纪 50 年代，台湾的许多商人都知道于右任是著名的书法家，于是纷纷在自己的公司、店铺、饭店门口挂起了署名于右任题写的招牌，以招徕顾客。其实，确为于右任所题的招牌极少，赝品居多。

一天，一个学生匆匆地来见于右任，说："老师，我今天中午去一家平时常去的小饭馆吃饭，想不到他们居然也挂起了以您的名义题写的招牌。明目张胆地欺世盗名，您老说可气不可气！”正在练习书法的于右任“哦”了一声，放下毛笔，然后缓缓地问：“他们这块招牌上的字写得好不好？”“好我也就不说了。”学生叫苦道：“也不知他们在哪儿找了个新手写的，字写得歪歪斜斜，难看死了。下面还签上老师您的大名，连我看着都觉得害臊！”

“这可不行！”于右任沉思道：“你平时经常去的那家馆子卖的东西有啥特点，铺子叫个啥名？”

“那是家面食馆，店面虽小，饭菜都还做得干净。尤其是羊肉泡馍做得特地道，铺名就叫‘羊肉泡馍馆’”。

“呃……”于右任沉默不语。

“我去把它摘下来。”说完，学生转身要走，却被于右任喊住了。

“慢着，你等等。”于右任顺手从书案旁拿过一张宣纸，拎起毛笔，刷刷在纸上写下了些什么，然后交给恭候在一旁的学生，说：“你去把这个东西交给店老板。”

学生接过宣纸一看，不由得呆住。只见纸上写着笔墨酣畅、龙飞凤舞的几个大字：“羊肉泡馍馆”，落款处则是“于右任题”几个小字，并盖了一方私章。整个书法，可称漂亮之至。

“老师，您这……”此学生大惑不解。

“哈哈。”于右任抚着长髯笑道：“你刚才不是说，那块假招牌的字实在是惨不忍睹嘛，这冒名顶替固然可恨，但毕竟说明他还是瞧得上我于某人的字，只是不知真假的人看见那假招牌，还以为我于大胡子写的字真的那样差，那我不是就亏了吗？我不能砸了自己的招牌，坏了自己的名！所以，帮忙帮到底，还是麻烦你跑一趟，把那块假的给换下来，如何？”

“啊，我明白了。学生遵命”。转怒为喜的学生拿着于右任的题字匆匆走。就这样，这家羊肉泡馍馆的店主竟以一块假招牌换来了当代大书法家于右任的墨宝，喜出望外之余，不免有惭愧之意。

于右任的宽容为怀，不仅是艺术界人士学习的楷模，更值得职场中人效法。在工作和生活中，我们难免会与别人发生摩擦，当别人不小心踩到你时，你应该摆摆手，说声没关系；当别人弄坏了你的东西，向你道歉时，你也应该宽容地付之一笑。

宽容是一束阳光，它可以埋没许多不必要的事情，也可使许多不可能的事情发生。母对子的宽容，造就了伟大科学家爱迪生；君对臣的宽容，造就了一代名臣管仲；自己对仇敌的宽容，造就了强盛一时的唐朝盛世。如果这些人没有“海纳百川”的气度，这些伟大的功绩又从何谈起呢？

做人就要宽容，利己利人利社会。生活的天地如此广阔，我们没有必要在彼此摩擦中浪费时间，浪费生命。每一个员工宽容一点，大度一点，我们的职场生活就会更为精彩、和谐、美好！

3 不因生气而纠结

如果你问一个人，你活着是为了什么？有人会说快乐，有的人会说幸福，有的人会说成功……但肯定没有一个人会说自己活着是为了生气的。

没有谁喜欢有事没事生气玩，但很多人却有事没事就生气。其实，不是生活中的不顺心太多，而是因为我们忘了自己活着是为了什么。

> 金代禅师非常喜欢种兰花，在弘法讲经之余，花费了许多的时间栽种兰花。有一天，他要外出讲学，于是就交代身边的小和尚，要照顾好寺院里的兰花。
>
> 禅师走了以后，小和尚总是悉心地照顾兰花，但有一天在浇水时却不小心摔了一跤，把花架撞倒了，所有的花盆都摔碎了，兰花散了满地，很多都被摔坏了。

小和尚心里非常不安,每天都吃不下饭,睡不着觉。

过了几天,禅师回来了,小和尚心惊胆战地向禅师赔罪。

禅师看着泪流满面的小和尚,不但没有责怪,反而和蔼地安慰他。

"那么,师父您真的不生我的气么?"小和尚以为禅师可怜他年纪小才饶了他。

禅师笑着说:"我种兰花,是用来供佛的,我又不是为了生气才种花的。"

禅师种花不是因为爱花,而是为了供佛,这就是禅师最初的愿望。当一整架的兰花都被摔坏以后,他并没有生气,因为他没有忘记自己原本的愿望。没有了种养的兰花,采些野花来一样可以供佛,所以才会说"我又不是为了生气才种花"这样的话。你是不是也从金代禅师的大彻大悟里得到一些启示呢?

在日常生活中,我们常常会有很多的烦恼,时不时地还搞一些脾气出来。回过头想想,那些惹得我们大发脾气的事情其实没什么大不了,不过是一些小事、一段小插曲,只是当时太认真了而已。

所以,当我们遇到这样或那样的不痛快的时候,不妨想一想,我们做这些事究竟是为了什么。当我们找回自己最初的愿望的时候,就会发现眼下的不快其实根本算不了什么。

每当生气的时候,不妨想一想禅师的教诲:

"我不是为了生气才种花的!"

"我不是为了生气才工作的!"

"我不是为了生气才恋爱的!"

"我不是为了生气才结婚的!"

当你这样做了之后,你就会发现,你的生活会变得阳光灿烂!

由此可以得出,不论什么时候,当烦恼袭来的时候,一定要记得告诉自己一声:我不是为了生气才活着的,绝对不要因为生气而使自己纠结。

曾有这样一个发人深思的故事:

有一个脾气很坏的男孩,他的爸爸给了他一袋钉子,告诉他,每次发脾气或者跟人吵架的时候,就在院子的篱笆上钉一根。第一天,男孩钉了37根钉子。后面的几天他学会了控制自

己的脾气，每天钉的钉子逐渐减少了。他发现，控制自己的脾气，实际上比钉钉子要容易得多。终于有一天，他一根钉子都没有钉，他高兴地把这件事告诉了爸爸。

爸爸说："从今以后，如果你一天都没有发脾气，就可以在这天拔掉一根钉子"。

日子一天一天过去，最后，钉子全被拔光了。爸爸带他来到篱笆边上，对他说："儿子，你做得很好，可是看看篱笆上的钉子洞，这些洞永远也不可能恢复了。就像你和一个人吵架，说了难听的话，你就在他心里留下了一个伤口，像这个钉子洞一样。"

插一把刀子在一个人的身体里，再拔出来，伤口就难以愈合了。无论你怎么道歉，伤口总是在那儿。要知道，身体上的伤口和心灵上的伤口一样都难以恢复。

工作中，生活中，难免有种种不愉快，情绪很容易大起大落。这时候，你一定要告诉自己，千万不要动辄生气，更不可以冲别人发脾气。

你身边的朋友，你的另一半，是你宝贵的财产，他们让你开怀，让你更勇敢。他们总是随时倾听你的忧伤，你需要他们的时候，他们会支持你，向你敞开心扉。但是，他们不该成为你坏脾气的牺牲品。

一定不要为小事生气，这样不仅说明你是一个没有度量小肚鸡肠的人，对你自己也没什么好处。记住，其实一切都没有什么大不了。

有个人年轻的时候，每次生气和人起争执时，就会以很快的速度跑回家去，绕着自己的房子跑三圈，然后坐在田边喘气。

后来他有了很大的房子和大片的土地，但不管房地有多广大，只要他因与人争论而生气时，就会绕着房子跑三圈。直到有一天，他老了，他的房子，土地也已经很广大了，他生了气，仍然会拄着拐杖艰难地绕着房子走上三圈。

他的外孙常在身边恳求他："外公，您已经这么大年纪了，这附近没有人的土地比您的更广，您不能再像以前一样一生气就绕着房子跑了。还有，您可不可以告诉我为什么您一生气就要绕着房子跑三圈呢？"

看着外孙那可爱的脸蛋，他终于说出多年的秘密，他说："年轻的时候，我一和人吵架、争论、生气，就绕着房子跑三圈，边跑边想自己的房子这么小，土地这么少，哪有时间和人生气呢？一想到这里气就消了，把所有的时间都用来努力工作。”

外孙又问道：“外公，您年老了，又变成最富有的人，为什么还要绕着房子跑呢？”

他笑着说：“我现在还是会生气，生气时绕着房子跑三圈，边跑边想自己的房子这么大，土地这么多，又何必和人计较呢？一想到这，气也就消了。”

所以说，想要拥有一个快乐的职场人生，其实也很简单。第一，你不要拿自己的错误惩罚自己；第二，不要拿自己的错误处罚别人；第三，不要拿别人的错误处罚自己。有这么三条，你就不会再为小事情而生气、而纠结了。

4

适时赞美同事

现实生活中，我们时常会听到别人的赞美，也曾赞美过别人。赞美是一种心情，是一种品德，是一种境界；被赞美是一种快乐，是一种幸福。赞美是人际关系的润滑剂，它可以使人际关系和谐，缩短人们之间的心理距离，增强彼此的亲近感，可以启发人们去寻找心中尚未开垦出的美，激起人们保持乐观向上、积极进取的人生态度；赞美是一种慰藉，它像一股清爽甘洌的泉水，使人们干涸的心灵得到润泽；赞美是一缕阳光，它将拨开生活的阴霾，给人们心灵以光明；赞美是一种能源，它将给人生旅途的跋涉者以取之不尽、用之不竭的力量。在职场，我们应该适时地给同事奉上真诚的赞美，让赞美这朵美丽的鲜花时刻温暖同事的心房。多赞美别人，不用花钱，就能使人快乐，何乐而不为呢？

美国钢铁大王卡内基，在1921年以100万美元的超高年薪聘请夏布出任CEO。许多记者问卡内基为什么是他？卡内基说："他最会赞美别人，这是他最值钱的本事。"卡内基为自己写的墓志铭是这样的："这里躺着一个人，他懂得如何让比他聪明的人更开心。"

可见，赞美在职场，乃至整个人生是多么重要。

赞美他人，就是努力去挖掘他人的闪光点。懂得赞美他人，就懂得关爱他人。同是一棵树，有的人看到的是满树的郁郁葱葱，而有的人却只看到树梢上的毛毛虫。为什么同样一件事物，会产生两种截然不同的结果呢？原因就在于有的人懂得赏识、赞美，而有的人只会用挑剔、指责的眼光看待事物。

一名记者曾做过一次调查：经常赏识他人，夸奖、赞美他人的人，往往处事积极乐观，受人欢迎，受人尊敬，不常生病，并且比一般人长寿；而常指责、抱怨的人，没有朋友，孤单落寞，身体、心理脆弱，比一般人寿命短。

在卖清粥小菜的餐厅，有两个客人同时向老板娘要求增添清粥。他们中的一位皱着眉头说："老板，你为什么这么小气，只给我这么一点粥？"结果那位老板也皱眉说："我们的粥是要成本的"。还加收他两碗粥的钱。另一个客人则是笑眯眯地说："老板，你们煮的粥实在太好吃了，所以我一下子就吃完了"。结果，他得到了一大碗又香又甜的免费粥。

与人相处，看起来似乎是一个很简单的问题，但在实际生活和工作中，并非如我们想象的那么简单，许多人都陷入了求全责备的误区。上面的例子中，第一个人就是因为不懂得赞美才被老板"冷眼相待"的，而第二个人就是因为把握住了赞美，而得到了老板的"礼遇"。

如果把第二个人比作职场员工的话，那他就是一个卓越的员工，他成就卓越的秘密就在于他懂得赏识与赞美，可见赏识与赞美是多么的重要！同事之间，员工与上司之间，都要适当地运用赞美，该喝彩时就喝彩，只有这样才能和谐彼此的关系，团结协作，把工作做得更好。

小吴进入以软件开发为业务的公司设计部时，部长把她安排给一个仅有高中学历的同事大张做搭档。

大张是一个灵活热情、积极肯干的中年男人，可就是因为学历的原因，迟迟得不到提拔，眼看着那些没有太多经验的年轻大学生一个个都升迁了，他内心很是不平衡。

与这样的前辈一起工作，小吴总是感觉到一种压力，他采取了敬而远之的态度，除非是工作的需要才会跟大张多说几句话。可也就是这样，让大张产生了一种小吴看不起他的心理。

两人逐渐产生了一种对抗情绪，在工作上各持己见，总无法得到调和。后来，大张向领导提出小吴太过于傲气，不能再做搭档。于是小吴被调到了另一个小组。

在这个案例里，小吴不能积极地化解矛盾，缺乏必要的沟通，而大张触角又过于敏锐，恰巧造成了彼此的误会。其实，小吴完全可以主动解决他们之间的问题。例如她可以适当地称赞对方，经常向对方请教较易解决的问题。这样容易使对方从低学历的阴影中摆脱出来，产生一种满足感，而树立起自己的"价值观"，两个人就能平和相处。

赞美他人，是我们在日常沟通中常常碰到的情况。要建立良好的职场关系，恰当地赞美别人也是必不可少的。事实上，我们每个人都希望自己的工作受到别人的赞美。我们花了很大的精力，希望从他人那里得到赏识，但是，我们之中认为周围的人充分理解自己言行的人并不多，而我们自己也很少评论那些发生在我们周围的、我们所喜欢的言行。这一点着实令人感到奇怪，因为表示赞赏是非常容易的，不需要任何代价，而我们在赞美别人后自己得到的报偿却是多方面的。

职场中，赞美同事往往会推动同事间的友谊，增强工作中团队的凝聚力。但我们赞美同事时也要适时适度，比如有些人，明明是好心好意地赞美别人，但往往因为说话时不注意赞美的方式方法，结果很有可能适得其反，甚至不欢而散。那么，怎样让别人感受到你真诚的赞美并欣然接受呢？

赞美同事时，有一个很重要的原则：赞美要具体详实。我们与同事朝夕相处，往往在接触中可以发现别人细微的长处，以这个点作为赞美的契机，是非常有效的。特别值得一提的是：办公室同事间应提倡良性的竞争，当发现有同事在工作中做得比你出色，就应该大方地赞美，真诚地祝贺，将赞美的功效发挥得恰到好处。

对于赞美同事，有人总结了以下五个技巧，我们不妨借鉴：

(1)因人而异。人的素质有高有低，年龄有大有小，因人而异、突出个性、有特点的夸赞比一般化的夸赞能收到更好的效果。

(2)详实具体。职场交往中应从具体的事件入手，善于发现别人哪怕是微小的长处，并不失时机地予以夸赞。用语越具体，越说明你对他很了解、对他的长处很看重，越会让对方感到你的真挚、亲切和可信，你们之间的人际距离就会越来越近。

(3)情真意切。能引起对方好感的只能是那些基于事实、发自内心的夸赞。相反，如果没有根据、虚情假意地夸赞别人，不仅会让对方感到莫名其妙，更会觉得你油嘴滑舌、诡诈虚伪。

(4)合乎时宜。夸赞的效果在于相机行事、适可而止，才能达到你最期望的效果。

(5)雪中送炭。最需要夸赞的不是那些早已功成名就的人，而是那些因被埋没而产生自卑感或身处逆境的人。

另外，赞美并不一定总用一些固定的词语，见人就说好。有时候，可以借助于身体语言，比如投以赞许的目光，做一个夸奖的手势，送一个友好的微笑都能收到很好的效果。

总之，夸赞的话能温暖人心，从而赢得别人的信任，建立良好的职场人际关系，成功也就指日可待。因此，为了把工作做得更好，我们要养成良好的善于赞美同事的习惯，做到适时赞美同事，这样才能让你的职场之路更加顺畅。

5 和睦相处成就和谐职场

中国当代著名的净空老法师经常到世界各地讲经说法，与各国宗教界如基督教、伊斯兰教的信众们共同生活的机会非常多，他总是小心翼翼地避免在言语行动中用自己的信仰和传统看待和对待他们。在宣传佛法时，他总是找出其他宗教与佛教的一些共同之处来进行宣传，从不轻视和伤害对方的教义和宗教情感，也决不试图用佛法影响和改变他们原来的信仰取向。他甚至还讲过《圣经》，在讲解时他反复强调世界所有宗教都有一个共同目的，那就是扬善抑恶，劝导人们做有益于人生和世界的事情。这样他取得了非常好的效果，不同宗教信仰的人们都接纳了他，也接纳了他的思想。在非常不容易相处的领域里，他与那些人士相处得非常融洽和谐，可以说是我们职场人学会和睦相处的楷模。

过去有一则寓言，讽刺的是那些与他人、与团队格格不入的人，他们口口声声埋怨别人，责怪别人，其实问题恰恰来自于他自己：

> 一只鸽子老是不断地搬家。因为它觉得，每次新窝住了没多久，就有一种浓烈的怪味，让它喘不上气来，不得已只好一直搬家。对此，它觉得很困扰，就跟一只经验丰富的老鸽子诉苦。
>
> 老鸽子说："你搬了这么多次家根本没有用啊，因为那种让你困扰的怪味并不是从窝里面发出来的，而是你自己身上的味道啊。"

职场中，有些人会不断埋怨别人的过错，指责别人的缺点，他们或是觉得周围的环境和人处处跟自己作对；或者是认为自己"曲高和寡"，一般人无法理解自己丰富而深刻的思想。实际上，他们没有意识到真正的问题不是来自于周围，而是来自于他们自己。像这样的人，必须试着认清自己，反省自己。

有人脉专家研究说：你无法借着纠正世界上的每一个人来获得宁静，同样的，就算将世界所有的石头和荆棘除去，仍然无法开辟出坦途大道。在不平坦的道路上，若想要走得舒服，我们就该穿上鞋子。既然我们无法将世界上所有的障碍物除去，就应该保持心灵的平静。若某人犯错，有许多方法去纠正他，但如果你在公共场合中对他批判、责骂和大声叫喊却无济于事，你的行为只会使他更坚持己见。所以，请以友善的态度指正他的错误。他会因此乐意接受你的劝告，将来也会感谢你的指导和好心。

学会与别人和谐相处，能使整个职场很好地接纳你，让你在这个职场里生活得自在和快乐。一个人在和谐的环境里行走，就像在顺风顺水的

江中行船，要到达你想去的码头还不容易吗？

要怎样才能与他人和谐相处呢？下面这10条原则，或许对我们很有帮助：

(1)说话和气。在情绪稳定的正常情况下，只要你在说话前稍加注意，就能做到说话和气。要使自己说出的话有感召力，达到融洽关系、平和相处的目的，就要提高你说话的质量。说话质量的优劣与说话的声调、语气有很大的关系。同样的一句话，用不同的语调说出来，效果就大不一样。

(2)面带微笑。笑是每个人不用花任何代价随时都可以显现出来的。微笑是祥和的花絮，友善的信号，也是一种宝贵的精神财富。在彼此相交中，给人一个温馨、善意的微笑，可以优化交往质量，给你带来意想不到的快乐。

(3)以诚相待。以诚相待可以成为友谊的纽带和桥梁。俗话说："诚实无欺，做人根基。"离开了真诚，就毫无友谊可言。一个真诚的心声，往往能唤起一大群真诚人的共鸣。以诚相待成为现代职场人处事交往的重要原则，只有说真话，办实事，才能优化你的人格形象。

(4)主动热情。主动热情是浇灌友谊之花的甘露，是融洽关系的先行官。在职场交往中，冷漠、敷衍、搪塞的态度，只能让人反感，加大心理距离。只有主动热情先施于人，友谊的甘露才会滋润人们的心田，结出丰硕的友谊之果。

(5)学人之长。学人之长是衡量一个人教养、涵养、修养的尺子。专挑别人的缺点，不容人的人，自己身上的缺点往往比谁都多，也不会被别人宽容；善于发现和学习他人之长的人，身上的长处也最多，他会成为一个真正拥有无形精神财富的人。因此，在与人的相处中，多想想别人的长处、优点，既能优化自己的心理素质，又能与人和睦相处。

(6)不嘲笑人。人各有所长，也各有所短。同事之间，切记不要随意拿别人的短处或缺陷开玩笑。不尊重他人、随意伤害他人人格，实质上是对自己的极大不尊，是对自己人格的毁灭。即使别人由于自己的过失处在窘境之中，也要给他台阶下，主动帮助他缓解尴尬的局面。

(7)为人着想。社会心理学的研究结果证明：要想得到别人的信赖，一种有效的方式是着眼于对方的利益。如果我们在与他人相处中，善于为他人着想,善于关心他人的利益,就会赢得人心。

(8)有求必应。“人字结构是互相支撑”“世界很小,是个家庭”等都是耐人寻味的哲理名言。现代社会的每个人都是社会系统有效动作的一个小齿轮,相互之间都有所求。只有相互依赖、相互协助、相互负责任,才能使事业获得成功。有求必应是当代社会的一种时尚。

(9)一视同仁。在职场中,常常有些人见到比自己强的人就巴结,见到比自己弱的人就欺凌,这种奴性意识,令人生厌。与人相处,无论地位高低、财富多寡,都应一视同仁,平等相待,这是一个人成就大事、受人拥戴的重要条件,也是心理健康的具体表现。

(10)自知之明。俗话说:“知人者智,自知者明。”要准确地评价自己,就非有自知之明不可。在与人相处中,力求比较正确地认识自己和对待自己,还是能做得到的。即使受到上司赞扬时,也千万不要炫耀自己,要冷静对待,不能得意忘形,只有如此,才能真正赢得他人的敬佩与好感。

6 好员工从来不忌妒

每个人都有忌妒心和虚荣心,一定程度的忌妒和虚荣可以给自己动力,让自己进步,一旦超出了这个度,那就是心理扭曲。这也是让生活纠结的一个重要起因。

虽然人人都向往美好,但不能总对别人眼红,我们要学会适时地忘记自己不如别人,这是消除忌妒的一种有效方法。

《白雪公主》中,那个原本很美丽的后母,因为忌妒白雪公主比自己美丽,就狠下毒手,最后自己反倒鼻歪眼斜,成了一个真正的丑女人。所以有人说:“用拖别人后腿的方式来赢得胜利或者至少保持不输,是非常愚

蠢的做法。”也许你不承认忌妒会让你失败，那就细细分析一番：就算你成功地拖住了别人的后腿，得到的是什么？别人和我们一样差劲，别人落后了，我们进步了吗？

两只老鹰，一只飞得很快，一只飞得很慢，飞得慢的那只老鹰，很忌妒那只飞得快的老鹰。一次，飞得慢的老鹰对一个猎人说：“前面有只飞得很快的鹰，你去用箭射死它。”猎人说：“可以的，只是我的箭上缺少一根羽毛，可否拔下你的一根？”飞得慢的老鹰说：“好！”它就拔下一根丢给猎人，猎人未能射中那鹰。猎人说：“再拔一根来如何？”飞得慢的老鹰说“好！”又拔一根，然而又未射中。就这样，箭一枝一枝的射去，鹰毛一根一根地被拔下，最后，飞得慢的老鹰把自己身上的羽毛都拔完了，它再也不能飞了。结果，那位猎人很轻易地就把它捉去了。

这是一个很明显的教训，社会上总有一些因为太忌妒别人而想谋害别人的人，结果他们没有害到别人，反而害了自己。

在职场上，很多人会莫名其妙地忌妒，莫名其妙地冲动，莫名其妙地竞争……而没有了仍旧微笑的酒窝，没有了心服口服的赞成，没有了就此退让的余地。总是见不得别人比自己好，见不得别人比自己多一点。但好员工是从来不忌妒的，他们懂得和谐人生不纠结，明白如果自己真有本事的话就不必输给别人了。如果确实努力了，但是还是不如别人，那就说明你真的不如别人，就不要再忌妒别人了，因为你根本连忌妒别人的资本都没有！

人之所以忌妒，大都是因为找不到自己的优点。每个人都有优点，只是你未曾看到或感觉到，所以每个人都有被人忌妒的一面！比方说，A 不漂亮但是她温柔，就一定有人忌妒她的温柔；又比方说 B 不优秀，但是她非常会做饭，而且做得非常好吃，就一定会有人羡慕她的贤惠；又比如 C 既不漂亮，又不会做饭，但是她成绩好，就一定会有人忌妒她的优秀；所以，每一个人都有闪光点，请不要忌妒别人身上的闪光点，你并不比别人逊色，你也有闪光点，只是你找不到自己的闪光点而已。

佛经上记载这样一则故事：

在远古时代，摩伽陀国有一位国王饲养了一群象。其中一头象长得很特殊，全身白皙，毛柔细光滑。后来，国王将这头象交给一位驯象师照顾。这位驯象师不只照顾它的生活起居，也很用心教它。白象十分聪明、善解人意，过了一段时间之后，他们已建立了良好的默契。

有一年，这个国家要举行一个大庆典。国王打算骑白象去观礼，于是驯象师将白象清洗、装扮了一番，在它的背上披上一条白毯子后，才交给国王。

国王就在一些官员的陪同下，骑着白象进城看庆典。由于这头白象实在太漂亮了，民众都围拢过来，一边赞叹、一边高喊着："象王！象王！"这时，骑在象背上的国王，觉得所有的光彩都被这头白象抢走了，心里十分生气、忌妒。他很快地绕了一圈后，就不悦地返回王宫。一入王宫，他问驯象师："这头白象，有没有什么特殊的技艺？"

驯象师问国王："国王您指的是哪方面？"

国王说："它能不能在悬崖边展现它的技艺呢？"驯象师说："应该可以。"国王就说："好。那明天就让它在波罗奈国和摩伽陀国相邻的悬崖上表演。"

隔天，驯象师依约把白象带到那处悬崖。国王就说："这头白象能以三只脚站立在悬崖边吗？"驯象师说："这简单。"他骑上象背，对白象说："来，用三只脚站立。"果然，白象立刻就缩起一只脚。

国王又说："它能两脚悬空，只用两脚站立吗？""可以。"驯象师就叫它缩起两脚，白象很听话地照做。国王接着又说："它能不能三脚悬空，只用一脚站立？"

驯象师一听，明白国王存心要置白象于死地，就对白象说："你这次要小心一点，缩起三只脚，用一只脚站立。"白象也很谨慎地照做。围观的民众看了，热烈地为白象鼓掌、喝彩！

国王愈看，心里愈不平衡，就对驯象师说："它能把后脚也缩起，全身悬空吗？"

这时，驯象师悄悄地对白象说："国王存心要你的命，我们在这里会很危险。你就腾空飞到对面的悬崖吧？"不可思议的是，这头白象竟然真的把后脚悬空飞起来，载着驯象师飞越悬崖，进入波罗奈国。

波罗奈国的人民看到白象飞来，全城都欢呼了起来。国王很高兴地问驯象师："你从哪儿来？为何会骑着白象来到我的国家？"驯象师便将经过一一告诉国王。国王听完之后，叹道："人为何要与一头象计较、忌妒呢？"

由此可知，人生在世，一定要有一颗平静和睦的心，切不可心怀忌妒。俗话说："己欲立而立人，己欲达而达人。"工作中，别人有所成就，我们不要心存忌妒，应该要平静地看待别人所取得的成功，适时地忘记自己不如别人，是消除生活纠结、拥有和谐人生的秘诀。

第九章

放低幸福的门坎，平淡知足不纠结

成功，对人们来说是一个多么美好的字眼，但是，任何人都不可能只拥有成功，其实，成功和失败在同一轨道上，是一对孪生兄弟，总是相伴而生。成功的喜悦，终有一天会结束，所以每一个职场中人要不怕平淡，懂得知足。知足，能使人保持心理的平衡，维护心情的宁静，看菜吃饭，量体裁衣，一切都量力而行。

1

放低幸福的门坎

不要把幸福的门坎定得太高，生命中的任何一件小事只要你细心品味过，可以说都与幸福有关。因为无论怎样，幸福都只是一种感觉而已。

有个哲学家不小心掉进了水里，被救上岸后，他说出的第一句话是：呼吸空气是一件多么幸福的事。

空气，我们看不到，也很少有人想看到。但失去了它，我们才发现，我们不能没有它。那位掉进水里的哲学家活了整整100岁。临终前，他微笑着宁静地重复一句话："呼吸是一件幸福的事，换句话说，活着是一件幸福的事。"

幸福对每个人来讲都有不同的定义。有人认为，丰衣足食，居有定所，一生吃穿不愁，生活舒适就是幸福；有人认为，"雁过留声，人过留名。"身后能为世界留点遗产，在世界留点名声，功成名就就是幸福；还有人认为两情相悦，与爱人厮守一生，爱情永恒就是幸福；更多人认为，健康平安，一生无病无灾就是幸福；当然也有人认为，有权有势，安车当步，前呼后拥，"革命的小酒天天醉"，"革命的小步天天舞"就是幸福。这就是说，幸福是因感觉而生，因人而异的。

不同的时候有不同的幸福。同样一个人，当他饥饿口渴时，他会觉得一块红薯，一口凉水就是幸福；可当他吃饱喝足后，就算是山珍海味，玉液琼浆也成了负担。家庭和睦时，天伦之乐是幸福；家庭不和睦时，千杯万盏也不幸福。

幸福在哪儿？幸福其实就在我们身边，就在我们触手可及的地方，只

是我们往往不懂得去发现和珍惜，而一次次地错过了。我们总习惯于要了这样又要那样，要了那样又想得到更好的，像《渔夫和金鱼的传说》中的老太婆一样，要了木盆子又要木房子，有了新房子又要宫殿，有了宫殿要做皇后，做了皇后还要做海上的女霸王，而最终，却一样也没有得到。这就是生活对我们的惩罚，你如果想什么都拥有，最后必定会什么都失去，一无所有。所以说，很多时候，我们感觉不到幸福，是因为我们把幸福的门坎建得太高了，因此，我们有必要放低幸福的门坎，让幸福变得简简简单单。

因为简单，我们可以省去许多麻烦和烦恼，其实，这本身就是一种幸福。因为幸福，我们可以保留一种轻松、平静的心态轻装上阵，快意人生，成就幸福；因为简单，在我们的生命即将离开这个世界的时候，我们可以因为没有虚掷光阴而最后一次品味幸福。

放低幸福的门坎，享受大自然，享受自己的劳动成果，你就会因此而幸福一生，也可能你觉得这样的幸福太安于现状，因而显得庸庸碌碌，其实，你只有把幸福确立在能力所及的范围之内，幸福才变得唾手可得。假设你收入很低，却将幸福确立在汽车、洋房之上，并为此费尽心思，奔波劳碌，但终究遥不可及，那还有幸福可言吗？因此说，幸福的门坎一定要放低一些。

把幸福的标准定得低一点，不是庸碌无为，也不是缺乏进取心，因为做任何事都应该量力而行。鹰击千里，是因为它练就了搏击的本领，才有宏图大展的志向，试想：如果一只家鹅非要模仿天鹅在蓝天白云之间一展舞姿，结果会怎么样呢？

曾经，一个富人和一个穷人谈论什么是幸福。

穷人说：“幸福就是现在。”

富人看着穷人的茅舍，破旧的衣着，轻蔑地说：“这怎么能叫幸福？我的幸福可是百间豪宅，千名奴仆啊。”

不久后的一天，一场大火把富人的百间豪宅烧得片甲不留，奴仆们各奔东西。一夜之间，富人沦为乞丐。

炎热的夏天，汗流浃背的乞丐路过穷人的茅舍，想讨口水喝。穷人端来一大碗清凉的水，问他：“你现在认为什么是幸福？”

乞丐眼巴巴地说:"幸福就是此时你手中的这碗水。"

"幸福就是能够凉快下来。"

"幸福就是马上能够解渴。"

平安是福。你可能日出而作,日落而息,整日辛苦奔波,但付出与收入却是相差极大,你可能为此耿耿于怀,闷闷不乐。想一想,有多少人再也看不到新一天的阳光,有多少人再也不能在日落之时推开早起亲手闭起的家门,你就会感到疲惫不堪也是一种幸福。

健康是福。我听说过这样一句话:"当我为没有鞋子穿而哭泣的时候,我却发现有人没有脚。"所以说,不要总是牢骚满腹,怨天尤人,你可能没有更多的金钱去游览名山大川,但想一想,那些只能透过窗口看世界的人们,你会感到骑上单车遛原野,感受麦苗青、豆花香、阳光暖其实也是一种幸福!你可能没有更多的金钱去购买宽敞的住房或名牌的服装,但想一想,那些每天躺在病床上深受病痛折磨的人们,你会感到身居陋室,感受会心的笑、饭菜的香、团圆的乐那才是一种真正的幸福!

把幸福的门坎放低一些,再放低一些,能够过自己喜欢过的生活,做自己喜欢做的事,就是真正的幸福了。当你可以活着、笑着、哭着、吃着、睡着,真真实实地感受生命的流动,你的存在就是一种幸福。

残疾女孩、乞丐、农妇之所以会感到幸福,是因为他们懂得知足和珍惜,所以他们快乐。幸福的含义在某种程度上,也可以说就是放低幸福的门坎,正如人们常说的"知足常乐"一样。人,贵在知足,不要一心只知道往高处钻,这样做终有一天会摔得很惨。

总之,人在职场,千万别把幸福的门坎建得太高,以至于把自己挡在了幸福的门外。把门坎放低一些,把脚步摆平一点,从容一点,快乐一点,其实只要你轻轻一迈,便可以跨进那扇永远向你敞开着的幸福之门。

2

凡事多往好处想

很多东西不是我们可以预测的，未来也不是凭我们的意志就可以改变的。世界上没有绝对的事情，任何事情都有两面性，任何事情都是变化无常的，好的事情会变坏，有的时候坏的事情也会出现好的转机。

从前，有一个国家的宰相总是觉得“一切都是最好的安排”，这让国王觉得又可笑又讨厌。有一天，国王准备外出，突然下起了大雨，这让国王非常扫兴。但是宰相说：“这是一件好事情，大雨过后的街道一定会被冲刷得很干净，国王您就可以享受清新的空气了。”国王没说什么。又一次，国王准备外出巡视时却遇到了酷热的天气，十分郁闷。这时宰相又对国王说：“这是一件好事情，在这么炎热的天气下出巡才能了解百姓的疾苦。”国王忍着一股无名火没有发作。后来，国王在检查猎器时，不小心被猎器斩断了一截手指。宰相居然也认为这是上天最好的安排，是一件好事情。国王听后终于忍无可忍，立即把他打入大牢，并以一种幸灾乐祸的嘲讽口吻问宰相：“你认为这是一件好事情吗？你认为这也是最好的安排吗？”没想到宰相居然说是。国王更加生气地告诉他：“好，既然你认为好，那你就继续在这里待着吧！”

过了两天，国王去打猎，不小心误入森林深处，被食人族捉住了。当晚，食人族准备了柴火，支起了大锅，准备烹煮国王。但是，当食人族清洗国王身体的时候却发现国王少了根手指头，这在族内是大忌，因为他们认为不完整的动物是不祥之物。于是他们用特有的仪式把国王送出离他们很远的森林之外。劫后余生的国王回国后做的第一件事情就是去牢里拜见宰相，他激动地说:“断了指头果真是一件好事情。”过了一会他突然想起了什么,他问宰相:“难道我把你关在牢里这么多天也是好事情吗?”宰相说:“当然是好事情了,陛下您想,如果我不在牢里而是像以往那样陪同您去打猎的话,我们都会被食人族捉住。您会因为那个断指而保全性命,但我必死无疑,因为我很完整啊!”国王终于开悟,任何事情都有两面性,我们所接受的都是最好的安排。

《庄子》中说,樗树的小枝弯弯曲曲,树干结疤又多,是无用之材,但正因为如此,谁也不去砍它,结果它存活了下来,长成了参天大树。当你因为一些事而烦恼时,别丧气懊悔,也许它会在另一个场合对你有所帮助;当有事让你苦恼时,应该多往好处想一想,说不定换个角度你就能把它利用起来;当你发现事物有缺陷时,你不妨想想,也许它在别的场合还能派得上用场。快乐是自己选的,烦恼是自己找的。悲观和乐观都在于你看问题的方式方法、角度。碰上什么麻烦事,千万多往好处想!

从前有个老婆婆,她有两个儿子,大儿子卖盐,小儿子卖伞,可是,她却总是不快活。

天晴时,她就为小儿子担心,这么好的天气,他的雨伞卖给谁呢? 一家子吃什么啊? 想着想着,她就哭起来。

天下雨时,她又为大儿子发愁,盐受了潮,就不好卖了,一家人都要饿肚子,想着想着,老婆婆又哭起来。

邻居老伯见老婆婆总是愁眉苦脸,身体越来越差,就对她说:“遇事要往好处想。”老婆婆问:“怎么才是往好处想呢?”

老伯说:“出太阳的时候,你可以为大儿子高兴,她的盐好卖了;下雨时,你可以为小儿子高兴,他的伞有人买了。”

老婆婆听了,觉得有道理,就照他的话去做,从此,无论天阴天晴,她都是高高兴兴的,身体也好了起来。

凡事多往好处想,以这种心态去生活,你就会过得很坦然,同时也会感到无比的快乐。

平凡人过平凡的生活,要学会凡事都往好处想,名人也一样,有时候他们比平凡之人更懂得这个道理。

国庆节前夕,某公司新上任的荣经理欲前往海口洽谈业务。

助理在为他订票时，车票已经卖光了，但售票员说，只有万分之一的机会可能会有人临时退票。荣经理听到这一情况，马上开始收拾出差要用的行李。

助理不解地问："既然已没有车票了，你还收拾行李干什么？"他说："我去碰一碰运气，如果没有人退票，就等于我拎着行李去车站散步而已。"

等到开车前三分钟，终于有一位女士因孩子生病退票，他登上了去海口的火车。

在海口他给助理打了个电话，他说："我之所以成功，就因为我能抓住了万分之一的机会，因为我凡事都从好处着想。别人很可能会以为我是个傻瓜，其实这正是我与别人不同的地方。"

对于这样一个拎着行李去散步，抓住万分之一机会的人，心态是多么积极，多么平和啊！从来就不抱怨自己的命运会如何，总是找快乐、找希望、找机会，这就是职场成功者的品格。

由此可见，凡事都应往好处想，人生如此，职场也同样，悲观的失败者视困难为陷阱，乐观的成功者视困难为机遇，结果就有两种截然相反的人生。

凡事多往好处想，自然会豁然开朗。如果只盯着事情不好的一面，自己就会永远陷入泥潭。朝上看，天空自然宽广，心胸也将宽大。用豁达的心态去面对生活，就能时常发现生活中的美好，让自己的日子过得悠然自得。

只要你往深处想想，人生和职场不就是一个过程么，在不经意中得罪别人，做事磕磕碰碰，甚至为某种利益而结怨成仇，于是在这种矛盾中生活，现在想想，真不值得。其实，人生最大的敌人是自己，要想创造一个好的心情，首先就需要摆平自己，拿得起是一种勇气，放得下是一种肚量。所以说凡事要多往好处想，才不至于自己绊住自己。

据说很早以前，有一位秀才进京赶考，他在考试的前两天，连续做了两个梦。第一个梦他梦见自己在墙上种白菜；第二个梦是梦见下雨，他戴着斗笠还打着伞。

秀才赶紧去找算命先生解梦。算命先生说："你还是回家吧。你想想，高墙上种白菜，不是白费劲吗？戴着斗笠还打着伞不是多此一举吗?”

秀才一听,心灰意冷,回店收拾包袱就要回家。店老板问其缘故,秀才把做梦和算命的情况诉说了一番。店老板一听乐了:“我也会解梦,我倒觉得你一定要去考,你想想,墙上种菜,不是高种(中)吗?戴着斗笠还打着伞,不是说明你有双保险吗?”

秀才一听,觉得确实有一定的道理,精神顿时为之一振,于是便充满自信地参加了考试。最后居然考中了。

凡事多往好处想,就会以一种积极向上的心态去迎接眼前的生活,而不是整天郁郁寡欢地过日子。千万不要为那些已经失落的梦幻而感到烦恼,使得自己的生活不愉快,谁也不能把今天的幸福存入银行等到明天才取出来享用。生活本身就是鲜花艳阳加风霜雨雪,其内在的悲欢离合,外在的种种磨难都重重地打击着我们的身心,这就需要我们从容地去面对,不能自己先乱了阵脚。

3 学会随遇而安

职场人要学会随遇而安,遭遇坎坷的时候需要如此,一帆风顺的时候更要如此。

每个人年轻的时候都会有一种初生牛犊不怕虎的冲劲,但经历了许多磨难和坎坷之后,就会渐渐明白:“忍一时风平浪静,退一步海阔天空。”是啊,能忍则安,忍是一种生活态度,忍是一种人生境界,它饱含着一个人的人生历练,它诠释了一个人的人生内涵,那内涵就是:人,要学会随遇而安。

随遇而安,会减少许多因拼命反抗而引来的刺伤;随遇而安,会消除

很多因奋力挣扎而带来的隐痛。所以随遇而安是一个人成熟的外在表现，它不是怯懦，它是柔韧；它不是愚笨，它是明智；它不是追求安逸，它是保持毅力；它不是逃避挑战，它是迎战遭遇。

“壁立千仞，无欲则刚。”“无欲则刚”其实没有得到解脱，也无从超越。因为“无欲则刚”中的“欲”是一种功利性的物欲，而“刚”又是一种欲的表现，是人们心中渴望自由、表现毅力、维护信念、追求自我价值等名理之欲较强的现象。以一种欲去抵抗另一种欲，人就难免不受其困扰，要处在对立，矛盾、争执、冲突和是非纠葛之中。

一个人处在某些是非对立的特殊情况下，采取随遇而安的心态是有一定积极意义的。

唐朝的武则天执政时，有个大理少卿徐有功经常据理直言，依法论争，有一次武则天要将一个人处死，徐有功当廷指出此人罪不至死，不可处决。为此，他同武则天越争越激烈，连君臣之间的用词语气都不顾了。武则天大怒，喝令将士将他推出去斩首，徐有功转过头来大声说道，臣身可死，法决不可改。武则天被他打动了，不仅赦免了他，还收回了原先处决那个人的成命。后来，徐有功受到别人的诬陷，因为武则天对徐有功的信任才免于难。

这件事说明了无欲则刚的胜人之处，但是这种胜券却不是把握在自己手中，而是操纵在他人之手的。对武则天来说，徐有功刚直带来的冲撞，虽然伤害了她的皇帝尊严，但与她保江山需要忠臣的大局相比毕竟是小事，因而她能够容忍、理解徐有功的过激，并给予宽恕，但是，当徐有功以这种刚正去反对、阻碍他人的根本利益时，就不可避免地会遭到各种诬陷和打击，幸亏武则天知他为人而不相信妄言。可是，历史上因刚正不阿遭受惨死的事例比徐有功这样幸免于难的例子要多得多。《列子》中有这样一个故事：

有一名叫牛缺的大儒，在赶往赵国的路上遇到了一帮强盗，强盗把他的东西抢了个精光，他也不反抗，任凭掠夺。强盗见他知趣地配合，就放了他一条生路，让他走了。可是牛缺走时毫不沮丧，反而显得精神欢然，强盗们心里奇怪，心想，为什么他被抢劫还高兴？就追上去问他。他回答说，君子不会夺他人之需，既然遇到的不是君子，当然不必有所计较。强盗们一听，暗想，像他这样的贤德之人去赵国后一定受到重用，将来可能会对我们不利，不如杀了他以绝后患。于是一刀就把牛缺给杀死了。

有个燕国人知道了这件事后，就召集族人告诫他们，碰到强盗，不可以像牛缺那样傻。有一次，这个燕国人的弟弟到秦国去，路上也遇到强盗。他不想跟牛缺那样，于是就与强盗拼打，但寡不敌众，最后还是被抢光了，他并不甘休，再追上去向强盗索讨。强盗说，我们留你一命已经对你够意思了，你却自不量力，穷追不舍，存心要败露我们不是？我们既然当了强盗，就不顾仁慈不仁慈了，去死吧。说完手起刀落，也把他杀死了。

从这个故事中，我们知道牛缺对身外之物看得很轻，固然算得上无欲，但是当他被抢之后，内心另一种欲不由自主地出来与强盗的行为相对抗，企图表现出自己的高贵贤达和不可剥夺的心志。结果第一层无欲则刚平息了强盗们内心的对立，第二层欲的表现又激起了强盗们内心更深层的对立，终于还是采用杀戮来消灭这种对立。而燕国人不知牛缺被杀的真正心理奥秘，在第一种对立被强盗获胜的结局自行消解后，进一步去加剧这种对立，迫使强盗用彻底的办法来消除对立，这就更属于愚蠢了。

就现实生活而言，消除一种对立不需十分高深的智谋，但人们明白道理是一回事，实际行动起来又是另一回事。许多人都明白这种道理，但做起来却受到情感的障碍。要在生活中将道理和情感融合一体，理从情出，情至理顺，这不只是一种智慧，更是智慧背后神秘功力的体现，这就需要人真正学会随遇而安，达到一种超越境界。

林清玄说："在人生里，我们只能随遇而安，来什么，品位什么，有时候是没有能力选择的。"作为职场人，学会随遇而安，你就能够轻松地挫败职场生活中许多看似不可战胜的困难。

某公司的总经理，身价上千万，可谓是事业有成，春风得意。然而，由于他出国考察期间，代理经理犯了一个非常偶然的错误，导致了决策失误，公司效益急剧下滑。不久之后，他苦心经营的公司竟然负债累累，最后只得宣告破产。

一路顺风的他居然栽了这么大的跟头，亲戚朋友都暗暗为他担心，生怕他从此一蹶不振，而事实证明，这些担心都是多余

的。从总经理的位子上退下来的那一刻起，他就认清了自己的处境，并说服自己接受事实。

一个星期后，他筹集了一笔钱，买了一辆二手出租车，从此早出晚归，和一个普通市民一样，心安理得地做起出租车司机来。在窘困的生活面前，他勇敢地担当起养家糊口的重任，他的随遇而安让人惊讶，更让人欣慰。当然，他的良好心态也得到了很好的回报，他商场上曾经的竞争对手，一家公司的董事长听说他败而不馁的故事后，立即找到他，邀请他做了公司的部门主管。

与此相反，这位总经理的一个同学，当年高中读书时屡屡位居榜首，所以发誓非北大清华不上，然而高考发榜之后，却只被一所一般本科院校录取。他甚是委屈，又无可奈何。在大学里，他只知道怨天尤人，对上课做试验都没有丝毫兴趣，最终因成绩太差旷课太多被学校开除，至今仍一事无成……

在生命的征程中，没有人会一帆风顺，如何能在跌倒之后，以平和的心态审视自己、打量自己，并及早接受眼前的现实，是每一个成功者的必经之路。既然我们没有能力改变现状，不如心安理得地接受它，积极调整心态，做到随遇而安，从而开启新一轮的跋涉，冲向新一轮的生命高峰。

4 可以平凡，但不能平庸

什么是平凡？什么是平庸？某励志大师认为，平凡与平庸，是生活的两种状态。平凡的人，是机器上的一颗螺丝钉，虽然不是其中的关键零件，但是少了他不行，正是千千万万个平凡的人构成了社会发展的基础。

平庸，是有能力却没去发挥，才华尽掩，就像河蚌里拒绝成为珍珠的沙子，甘心被埋没。

对于职场中人而言，接受自己是个平凡人很重要。谁不想指点江山，谁不想一呼百应，谁不想出人头地，谁不想位高权重，谁不想富甲天下……但人生在世，不如意事十有八九，并不是每个人都能创造出辉煌的人生，我们中的绝大多数人，注定不能做出轰轰烈烈的大事，注定不能名垂青史、流芳百世。悠悠岁月里，总是平凡的日子居多；芸芸众生中，也总是平凡的人居多。

平凡并不可耻，但人不能平庸。机遇对每个人都是平等的，看你是否去寻找，在平凡的事情中做出不平凡的成绩来。一切不平凡的业绩都出于平凡，把每件平凡的事情都做得很好，就是不平凡。

杜鲁门当选总统后不久，有一位客人前来拜访他的母亲。客人称赞道："有总统这样的儿子，您一定感到十分自豪吧。"杜鲁门的母亲赞同地说："是这样的。不过，我还有一个儿子，也同样使我感到自豪，他现在正在地里刨土豆。"这真是一位伟大的母亲。其实，生活原本也是这样。红花绿叶，各有其妙。只要不平庸，平凡和伟大一样令人自豪。

生命的魅力就在于超越平庸，永不停歇地向着目标前进，让平凡的生命绽放出美丽的光彩。

平凡，不等于平庸。可能我们的工作很平凡，但是我们的态度不能平庸。处在平凡的位置上，我们就应该埋头做一个平凡的人，从平凡的小事做起，牢牢地把握住今天，为明天的辉煌作准备。如果从一开始便对自己失去了信心，甘于平庸，没有自己的计划和目标，逃避属于我们的责任，那么我们将永远都无法从平庸中走出，更不要说超越平凡了。

平凡，不能够平庸。也许我们无法出人头地，成为万众瞩目的焦点，但我们绝不可以失去自己的理想和目标，失去责任感，绝不可以浑浑噩噩、无所事事。在通往成功的道路上，我们只是平凡的奋斗者，但我们可以通过自己的努力，创造出不平凡，实现人生的超越。

在一个偏僻遥远的山谷里，有一个高达数千尺的崖。不知道什么时候，断崖边上长出了一株小小的百合。百合刚诞生的时候模样与杂草无异，周围的杂草也并未对这个新朋友格外的

在意,它们只是认为又多了一个同伴而已。一岁一枯荣,它们已经习惯了在此平庸地度过自己的生命。只有百合自己心里知道,它并不是一棵野草,它决心努力地绽放出美丽的花朵,向世人证明自己的身份。它知道,唯一能证明自己是百合的方法,就是绽放出美丽的花朵。有了这个念头,百合努力地吸收水分和阳光。

附近的杂草知道后对它十分不屑,它们嘲笑它说:"放弃吧,即便真的会开花,那又能怎样呢?还不是和我们一样,在这荒郊野外枯萎。"偶尔有蝴蝶、蜜蜂经过这里,它们也劝百合放弃努力:"纵然你开出了世界上最美丽的花,谁又会来这断崖边欣赏呢?"

百合丝毫没有受到打击,依然努力地生长,释放着自己的能量。它说:"我要开花,是因为我知道自己有美丽的花,不管有没有人欣赏,我都要开花!"

终于有一天,它开花了,它那灵性的白和秀挺的风姿,成为断崖上最美丽的风景。这时候,野草与蜂蝶再也不敢嘲笑它了。

年年春天,百合都努力地开花、结籽。它的种子随着风,落在山谷、草原和悬崖边,终于,整个山谷都开满了洁白的百合。几十年后,人们千里迢迢来到这个山谷,欣赏百合开花。后来,那里被人称为"百合谷"。

一株百合花是平凡的,但是千千万万的百合花就组成了"百合谷",香飘四溢,名声传遍千里。如果开始那一株百合甘于平庸,和杂草一样放弃了努力,那么它也真的只能成为杂草中默默无闻的一株了。职场工作也是如此,只要我们一直坚持,哪怕是做平凡的工作,也可以取得优异的成绩,超越平庸。我们命运的改变,也可以通过一点一点地积累实现。无论什么事情,我们都要从现在做起,从一点一滴做起,拒绝平庸。

从平凡到平庸,是一件很容易的事,只要心中懈怠一生,就滑向了平庸的边缘。而从平庸到平凡,需要的是一个坚定不变的目标,以毅力为锄,一点点地往下挖,一直到出水。

每个人都有向上向善的欲望,没有哪一个人会希望自己平平庸庸地度过一生。于是,追逐的过程开始了。于是,有的人开始在职场中跳来跳去。不甘平庸的心是对的，但是，跳是走出平庸的道路吗？条条大道通罗马，刚好这一条不通。与其把时间花费在不擅长的领域挖一个小坑，不如从头开始，从基础做起，在自己擅长的领地挖一个大水井。三五年之内，也许你会很穷困，很无望，很痛苦，但只要走过这个过渡期，你的未来就会有很大的改变。耐得住寂寞，是成大业者的必备条件之一。梅花香自苦寒来，属于你的那一朵，在不经意间已经长出了小小的花苞。

古往今来，那些伟大的功业都来自于平凡的积累，那些伟大人物的成功都来自于不甘平庸，那些构成伟大的决定性因素，往往就是于平凡中做到不平凡。拒绝平庸，抛下偏见，坚持不懈地朝着自己的目标前进，你就能成为一个了不起的人。

平凡的人不一定能成就一番惊天动地的大事业，但对他自己而言，能在生命过程中把自己点燃，即使自己是根小火柴，只能发出微微星火，也就足够了。平庸的人也许是一大捆火药，但他没有找到自己的引线，在忙忙碌碌中消沉下去，最终也会变成一堆哑火药。

愿每个人都找到自己的那根引线，在职场中灿烂地绽放自己的光芒。

5 职场也要知足常乐

“知足常乐”，出自《老子·俭欲第四十六》：“罪莫大于可欲，祸莫大于不知足；咎莫大于欲得。故知足之足，常足。”意思是说：罪恶没有大过放纵欲望的了，祸患没有大过不知满足的了；过失没有大过贪得无厌的了。所以，知道满足的人，永远会觉得快乐。

在《读者》里的一篇《穷人与富人》的文章中记载着这样的一则故事：

黄昏时分，卖烧饼的夫妻数着一天的收入。比昨天又增加

了两块钱，夫妻俩相视一笑，天地格外美好；相同的时间里，一个腰缠万贯的富翁仅因为所持股票面值下降了30个百分点而饮弹自杀。其实，仅他留下的不动产折合成钱，也够这对卖烧饼的夫妻吃上几辈子。

这不仅是个故事，更是个警示：有钱有财不一定就快乐，快乐往往来源于知足，因知足而常乐！

在职场，“知足常乐”不同于“精神胜利法”，更不是满足现状、不思进取，而是以平和心态、有度欲望去对待财富，对待现实。不知足，便是欲望强烈；不知足，便会心生不悦。

著名作家刘墉写过这么一段：“旅客车厢内拥挤不堪，无立足之地的人想：我要有一块立足的地方就好了；有立足之地的人想：我要是能有一个边座就好了……直到有了卧铺的人还会想：这卧铺要是一个单独包厢就好了。”很多时候，我们都像这些乘客一样，欲望无穷，拥此寻彼，而社会现实却总是不随人愿，所以总是很难真正快乐起来。

有个形象的说法，叫做“百失乐”一族。他们是这样的一群：已经拥有了九十九，却还是不满足，拼命工作，苦苦努力，为了额外的那个“一”，渴望尽早实现“一百”。原本生活中那么多值得高兴和满足的事情，皆因忽然出现了凑足“一百”的可能性而都被打破了，不惜付出失去快乐的代价，竭力去追求那个并无实质意义的“一”，这便是典型的“无足失乐”。

因为知足，我们对欲望才有了一定的管束，在满足自身需要的同时，适时扼住贪欲之马，索取有度，快乐进取，从而表现出一种恬然豁达之美：知足常乐。因为知足，虽然物质财富收获减少，可是我们会有另外的收获，那就是理智。理智，让我们不脱离现实之轨，不走向毁灭之地。理智，让我们不会为了钱而不顾性命，不会为了权而失去自我，不会为了名而日夜烦恼。

要做到知足常乐，并不容易，关键在对“足”的认知与把握。这取决于我们的欲望程度、待物心态及所处环境等多种因素。达到什么样才能满足，达到什么程度才算满意，并没有统一标准，也不好统一标准，但我们只要清心寡欲，恬然处事，就会找到和积累“知足常乐”的感觉。

当然，人在职场对知识的追求要永不满足，以使自己的工作顺畅，生活充实和美好。但对物质生活享受的许多方面则应知足，看看我们周围的世界,真是五彩缤纷,如果太爱攀比,心理会失去平衡,多虑心必累。要与自己的过去对比,就会发现现在的生活已经好多了。

职场人不知足的原因也许很多,但职场压力可能是占主要部分。职场压力来自哪里?据一项数据调查显示,工作绩效、职场晋升、人际关系、职业技能是职场压力的主要来源。

知足者常乐,关键是知足,知足才能常乐。人能知足吗?我们都生活在具体的人群中,每天、每时都是人和人之间的交往,从工作、生活、情感中了解到人的本能就不知足,不知足又怎么能有快乐呢?

其实,在人生的旅途中,知足是最重要的。一个人不管自己的能力有多大有多小,这都并不重要,重要的是你如何面对自己。一个人的职业也不重要,一个人的环境也不重要,重要的是自己要有一颗平衡的心,重要的是要正确对待自己,正确对待周围环境,正确对待别人,正确对待这个现实的社会,如果做到这一点,你离知足也就不远了。

人不能不知足,也不能去攀比。攀比是知足者之大敌,不知足的根源就是人的心态没有摆正,没有正确地对待自己,真正地了解自己,不知道自己究竟能有多大能耐,有多大本事。理想是远大的,目标是宏伟的,自己是真实的。真实的自己有远大的理想和宏伟的奋斗目标是无可非议的,可是要注意面对现实,一旦自己的理想和现实有距离时,你就可能感到自己的不知足,这是自己本身上的不知足。

这比出来的不知足多如牛毛,工作上不一样有区别,职业上不一样有区别,住房上不一样有区别,职务上不一样有区别,生活上不一样有区别,家庭上不一样也有区别等等。这些诸多的不一样的区别都会导致你的心态不平衡,自觉不自觉地产生了人与人之间的相互攀比,不知足、不服气也就自然在人的心中慢慢形成。

身为职场中人,怎样才能做到知足者常乐呢?

在人生漫长的旅途中,快乐是最重要的,是没有国界的,没有富贵贫贱之分的,是世界上所有人的权利。人生一世,草木一秋,快乐才是幸福。要开心快乐和幸福就要知足,事事要想得开,在知足的同时再追求新的目标,再做到完美无缺。

知足是相对而言的,并不是说人的知足就是不要理想、不要目标、不要追求,人的一生就可以船到码头车到站了。知足仅是对现实而言的,一

个人无论做什么都不能脱离实际，面对现实中的具体寻找自己的知足。为人要真诚厚道，做事要光明磊落，要有一颗善良之心、奉献之心、平衡之心、宽容之心、满足之心，你才能做到真正的知足，知足才能开心，开心才能快乐，快乐才能幸福。

不知足的人永远得不到满足，贪婪的人也永远得不到满足。你知足吗？

6 量力而行是智者

量力而行，即衡量自己的能力后再做，不要为了小小的虚荣心而去盲目行事。凡事量力而行的人，是职场的智者。

我们先看这样一则寓言：

> 有一天，小鸡看见小鸭在水里游泳，它非常忌妒，于是，也想下河游泳，被小鸭拦住了。鸡本身不会游泳，但它不顾鸭子的劝阻执意要跳进水里，结果成了一只“落汤鸡”。这时小鸭正好经过，把它救了上来。小鸭对小鸡说：“你们鸡是不会游泳的，不像我们鸭子，天生就是会游泳的。”小鸡意识到自己的错误，向小鸭道歉，然后就去捉虫子了。
>
> 世界上的事物都是有规律的。鸭子的羽毛光滑油润，像抹了一层油，水打不湿，而且它的毛又密又厚，但鸡的羽毛被水一沾就会湿，脚趾分开，根本不适合水中。鸡有强大的好胜心，但它不懂得量力而行，差点送了自己的小命。

“鸡的悲剧”告诉我们一个道理：我们不能因为别人有自己不会的长处，不衡量自己的能力就去尝试，如果执意要做，结果只会适得其反，让人纠结。

我们每个人都有自己的能力上限,工作时不可能样样都行。能力极限可能是由于自己体力、心智或情绪上的缺陷所致,因此不能执意违背。有的人太贪心,贪大求全或好大喜功,有的人太急功近利,都会导致不量力而行的恶果。

有个年轻人路过一片杏树林,看见了满树的大白杏后,很想买一点来吃。这时,他看见杏树下面坐着一位老汉,身边放着几个铁皮桶,便问道:"老人家,杏多少钱一斤?"老汉说:"两毛钱一脚。"年轻人诧异地问老汉,究竟是两毛钱还是两角钱。当年轻人弄清楚是交了两毛钱就允许向杏树踹一脚时,他惊喜地想,天下居然还有这样让人兴奋的买卖。

他给了老汉两毛钱,便拎起了一个桶走向杏林深处。杏树大小不一,他瞄了半天,才选了一棵硕大无朋、枝头低垂的杏树,铆足了劲儿,背过身像马尥蹶子一样,猛踹杏树,脚腕子都快肿了,结果却是一颗杏都有落下来。年轻人刚想再接着踹时,老汉对他说:"再交两毛!"这时年轻人才明白了过来,于是选择了一棵细弱的小树,不轻不重地踹了一下,结果掉下的杏让他捡了半桶。

这件事让年轻人明白了这样一个道理:凡事要量力而行,知道自己有几斤几两,能吃几碗饭,能肩挑多重的担,能干多大的事儿。

所以,无论我们在职场遇到哪一类竞争,或遭遇什么困境,只要我们能量力而行,结果就不可能仍然是输的。因为我们最大程度的看清了我们自己,一个把自己都掌握的人终究会是一个成功的人。

任何时候,我们都不能制定不切实际的目标,因为不切实际只会让我们丧失信心,在以后也不敢做任何事情。即使你勇气可嘉,但一定要做好充分的受挫折准备;不盲目,不退缩,量力而为,成竹在胸。

为了向别人或自己证明自己的能力,强迫自己去做能力所不能及的事情,不仅会累坏自己,而且还会平白浪费了宝贵的时间。尽管如此,但职场上还是有很多人仍然乐此不疲。虽然有的人可能取得了一定的成就,但更多的人还是因为眼高手低而摔得四脚朝天。

如果你想为自己定下一个踏实的目标，就必须诚实地面对自己的长处与短处，了解自己的能力与极限。如果你觉得困难重重，那么正规的性向测验或许可以助你一臂之力。

不管是正规的生涯指导也好，还是简单的自我评价也好，老老实实地对自我做个评价，可以使自己明了自己的能力。这样一来，我们就不会强迫自己扮演不适当的角色，更不会为了自己能力所不及的事情而做无用功。如果你擅长打网球或高尔夫球，你当然可以试着让自己打得更好，不过千万不要对自己要求得太过火——除非你已经练就了一手好功夫，否则千万不要以荣登网球赛或世界名人高尔夫球赛冠军宝座为目标。像这样把自己的目标定得过高，而且想用尽吃奶的力气想去达到这个目标的人不在少数，结果可想而知，不是落得万劫不复的下场，就是摔得鼻青脸肿。

量力而行是智者，任何领域都一样，职场更是如此。如果你有把握达成自己的目标，那就全力以赴地去做吧！然而，如果你在使尽了吃奶的力气后，仍达不到自己的目标，那你就应该重新评估一下情况。千万不要以为用头猛撞就能撞开花岗岩！如果你在身心俱疲、气馁而又备受挫折的情况下，仍然没有完成自己的计划，那么就改弦更张吧！适时的改弦更张，能使你不再因为缺乏成就感而感到挫折，而在追求个人目标的同时，适时对自己的目标提出质疑，也会使自己获得成长。

第十章

掌控自己的人生，幸福生活不纠结

许多职场人有时生活得很盲目、很浮躁，只知道这个社会竞争很激烈，需要去奋斗，去搏击，但面对光怪陆离的诱惑，往往会身不由己地随波逐流，变得“我已然不再是我”。生活把我们每个人都卷进了生存竞争的大潮，有的人站在浪尖上领导时代新潮流，有的人则是被潮水推着不得不走，有人干脆逆流而上。大道多歧，哪一条是对的，全靠自己把握。有些人选对了路，有些人却终生走不出命运的“迷宫”。因此，人活着，确实得把握住自己，能不为外界的时髦和流行所左右，保持平常、平静、平稳的心态，坚定地走下去。

1

在工作中认识自己

在古希腊帕尔索山上的一块石碑上，刻着这样一句箴言："你要认识你自己。"卢梭称这一碑铭："比伦理学家们的一切巨著都更为重要，更为深奥。"显然，在工作中认识自己是至关重要的。

真正认识自己并不是件容易的事。有人活了一辈子都不能认识自己，相反倒对别人认识得很清楚，把握得很准确；也有人感叹自己不了解别人，却认为完全了解自己。这都是不能正确认识自己的表现。

在工作中认识你自己，就是说，包括认识自己的情感、气质、能力、水平、优缺点、品德修养和处世方式等，能对自己做出较为准确、恰如其分的估量和评价，不掩饰，不溢美。

在工作中认识自己很重要，不管是在平淡的工作中，还是在有职业地位的岗位上，我们都要正确地看待自己的工作。在职场上，有为数不少的人认为自己所从事的工作是低人一等的。他们身在其中，却无法认识到其价值。总是轻视自己所从事的工作，因而无法投入全部身心。他们在工作中敷衍塞责、得过且过，而将大部分心思用在如何摆脱现在的工作环境上了。这样的人在任何地方任何组织里都不会有所成就。

所有工作在平凡岗位上的人都要明白，成大事者，都是从点点滴滴的小事情做起，从自己的小位置上耕耘收获以达完善，到最后自己撑起一片蓝天的。

著名主持人路一鸣就深深懂得认识自己的重要性。12 岁那年，他还是一个清秀的小男孩，站在一大群评委中间，绘声绘

色地讲着故事。那天，他成了沈阳赛区的"故事大王"。人生中他第一次认识了自己："我可以把故事说得更好！"

十年后，他站在全国名校辩论邀请赛的赛场上，不时有精彩的句子从他的嘴里蹦出。那天，他拿到了全国"最佳辩手"的称号。他又一次认识到自己在语言上的天赋。

2002年，他站在中央电视台宽敞的演播室里，与参加《商界名家》《对话》栏目的嘉宾们谈笑自如。他说："我想做一个最出色的主持人。"

"关键在于认识你自己。"他说这是他挺喜欢的一句话，也是最值得人类思索的一句话，因为要完全做到认识你自己，是一件很难的事情。但是只有真正认识你自己了，你才知道你应该选择怎样的道路走下去，才能获得幸运和成功。

世界上没有两片完全相同的树叶，当然也没有两个人的生活、爱好是完全相同的。谁都需要有自己的生活。无论你是干什么的，是看大门、搞收发，还是做中层管理工作，不论职位高与低、轻与重，你成功的关键就是找准自己的位置，所言所行与自己的位置相符相宜，并且让你的领导知道你、肯定你和认可你。

人贵有自知之明，老子说："知人者智，自知者明。胜人者力，自胜者强。"这显然是把自知和自胜放在更高的层面上来评价的。没有自知，不能自胜，每个人都要认识自己，通过各种方法了解自己，找准自己的位置和方向。

"不识庐山真面目，只缘身在此山中。"认识自己，首先要自己跳出"庐山"，以旁观者的眼光分析和审视自己。功是功，过是过，不夸大，不缩小，实事求是，避免主观性和片面性。认识不足，才能克服缺点，推动自身进步。

其次，通过与别人比较来认识自己。自我评价高或低，把自己放在年龄相似并较熟悉的人中间作比较，认识自己的实际水平及在群体中的地位，找到差距和努力方向。

再者，通过交往征求别人意见，依靠朋友，向他们了解对自己的看法，从中总结自己。

在漫长的职场工作中，必须正确地认识自己。把自己估计过高，会脱离现实，守着幻想度日，怨天尤人，怀才不遇，结果小事不去做，大事做不来，一事无成；把自己估计过低，会产生强烈的自卑感，导致自暴自弃，明明能干得很好的事，也不敢去试，最后抱怨终生。可见，认识自己多么重要。倘若能正确认识自己，面临成功，不会忘乎所以，瞧不起别人；遇到挫折失败，也不会丧失信心，只能更加谦虚，更加勤奋。

尤其在竞争的今天，充分认识自己，找出自身的优势和劣势，加强学习，不断提高，才能适应形势，找准自己的位置，使自己成为一个对社会有用的人。

现代生活忙碌紧张，我们已经很少有时间给自己深思的机会。可我们又不得不抽出时间来面对自己、认识自己。无法正确认识自己，有以下几个表现形式。

(1)不屑认知型。

“我自己什么样，我还不了解?”这是许多人的口头禅。其实，许多人对自己是一知半解。我的优点和特长是什么？我的缺点和不足是什么？我的远见、身体、心态、思维、反应、承受能力、人际关系、学习能力，创造能力是什么样的？能打多少分？许多人都不清楚。自以为是到后来会耽误大事。

(2)片面认知型。

片面认知型有两种人：一种是充分认知自己的优点，自信心极强，往往高估自己，低估他人，给人以自高自大的感觉。这种人的优势是极强的优越感和自信心，有助于发挥自己的特长和潜能，干成大事。不足是成功的机遇大，失败的机遇也大，遇到挫折会很严重，还容易脱离人群。另一种认为自己没本事，不思进取，一辈子没发挥自己的优势，被动走过一生。

(3)随意认知型。

一些人认定“人的命，天注定，胡思乱想没有用”，不发挥自己的优势和特长，不发挥自己的主观能动性，喜欢顺其自然，随遇而安，不愿动脑子，混日子。

那么，怎样才能使我们意识到自己的独特性？要如何才能以更成熟的态度给自己定位？这里有几点建议来帮助你改善自己。

(1)尽早认知自己。

尽早认知自我，是早日发现自己优势、发挥自己作用的前提。纵观历

史，10 岁认知自己，圣人也；20 岁认知自己，领袖也；40 岁认知自己，晚成也；60 岁认知自己，后悔也。

(2)尽快明确方向。

认知自己，知道自己的优与劣，是走好自己人生的第一步。根据自己的特点和优势，制定自己近期的目标，长远的方向，则是认知自己的作用。克林顿年轻时立志要当美国总统，并始终不渝地为之奋斗，最后实现了自己的目标。虽不是每一个想当总统的人都能成为总统，每一个想当老板的人都能有自己的企业，但只要努力奋斗就一定会得到收获。

(3)持续改进自己。

世界在变化，人也会随之改变，你了解昨天的自己，不一定了解今天的自己。所以，了解自己需要一生一世。同样，每个人只有不断改进自己，适应世界的变化，才能跟上时代的潮流，永远不会落伍。所以，不想改变自己，老想改变世界，最后只会失落和后悔。

智者苏格拉底认为：认识自己是人生智慧的开端。世间万物都有其固有的规律和方式，每件事物都在适合自己发展的轨道上发展、成长，人类也是如此，唯有充分地认识到自己，才能获得幸运的亲昵。

2 你就是自己的依靠

中国著名教育家陶行知曾经说过：“滴自己的汗，吃自己的饭。自己的事，自己干。靠天靠地靠祖上，不算是好汉。”

陶行知的话告诉我们一个道理，凡事不要总是依赖别人，把一切希望都寄托在别人身上，而要依靠自己解决问题，因为每个人都有许多事要做，只可能最大限度地帮助我们，别人只可能帮一时，却帮不了一世。所以，靠人不如靠自己，你才是自己的依靠。

小时候曾听说过这样一个故事：

从前，有个放牛娃上山砍柴，突然遇到老虎袭击，放牛娃吓坏了，抓起镰刀就跑。然而，前方已是悬崖！老虎却在向放牛娃逼近。为了生存，放牛娃决定和老虎决一雌雄。就在他转过身面对张开血盆大口的老虎时，不幸一脚踩空，向悬崖下跌去。千钧一发之际，求生的本能使放牛娃抓住了半空中的一棵小树。这样就能够生存了吗？上面是虎视眈眈、饥肠辘辘的老虎，下面是阴森恐怖的深谷，四周到处是悬崖峭壁，即使来人也无法救助。吊在悬崖中的放牛娃明白了自己的处境后，禁不住绝望地大哭起来。

这时，他一眼瞥见对面山腰上有一个老和尚正经过这里，便高喊“救命”。老和尚看了看四周的环境，叹息了一声，冲他喊道：“本人没有办法呀，看来，只有你自己才能救自己啦！”放牛娃一听这话，哭得更厉害了：“我这副样子，怎么能救自己呢？”老和尚说：“与其那么死揪着小树等着饿死、摔死，不如松开你的手，那毕竟还有一线希望呀！记住，你只能靠你自己！”说完，老和尚叹息着走开了。

放牛娃又哭了一阵，还骂了一阵老和尚见死不救。天快要黑了，上面的老虎算是盯准了他，死活不肯离开。放牛娃又饿又累，抓小树的手也感到越来越没有力量。怎么办？放牛娃又想起了老和尚的话，仔细想想，觉得他的话也有道理。是啊，现在只能靠自己了。这么下去，只能是死路一条，而松开手落下去，也许仍然是死路一条，但也许会有获得生存的可能。既然怎么都是个死，不如冒险试一试。

于是，放牛娃停止了哭喊，他艰难地扭过头，选择跳跃的方向。他发现万丈深渊下似乎有一小块绿色，会是草地吗？如果是草地就好了，也许跳下去后不会摔。他告诉自己：“怕是没有用的，只有冒险试一试，才能获得生存的希望。”他咬紧牙关，在双脚用力蹬向绝壁的一刹那松开了紧握小树的手。身体飞快地向下坠落，耳边有风声在呼呼作响，他很害怕，但他又告诉自己

绝不能闭上眼睛，必须瞪大眼睛选择落脚的地点。奇迹出现了——他落在了深谷中唯一的一小块绿地上。

后来，放牛娃被乡亲们背回家养伤。两年以后，他又重新站立了起来。

故事中，没有人能救得了那个放牛娃，他只能靠自己拯救自己。同时，故事也让我们明白，幸运不是等来的，要想掌控自己的人生，过上幸福的生活，你就得靠自己。

如果海伦·凯勒在失明失聪后，仅仅依靠父母和别人的帮助生活，那么她能学会说话，成为美国历史上最伟大的女性之一吗？如果曾经沦为乞丐的朱元璋这一生都依靠别人的救助和施舍度日，那么他能成为明朝的开国皇帝吗？可见，一个人要想成功，必先自立，然后自强，用自己的双手去创造辉煌。

在1960年的罗马奥运会上，一名年仅20岁的美国女子田径运动员魏玛·鲁道夫，在人们的惊呼声中一人独得3枚金牌。魏玛·鲁道夫让世界记住了这历史性的一刻，可是又有谁知道在她背后所付出的难以想象的艰辛努力呢？

魏玛·鲁道夫是一个不幸的人，在她刚刚学会走路时，两次肺炎和一次猩红热导致本来就身体虚弱的她不得不长期卧床。不过老天并没有停止它的残忍，在魏玛·鲁道夫4岁时，她又患上了小儿麻痹症，病愈后左腿不能像正常人一样行走，不得不佩戴沉重的金属支架。好在父母并没有因此而放弃小魏玛·鲁道夫，在母亲的帮助下，她坚持每周都对左腿进行100英里的康复训练，哥哥姐姐们也都对这个小妹妹充满了同情，他们轮流给她进行按摩。经过了7年的艰辛努力，到她11岁的时候，她终于可以像正常人一样走路了。然而出人意料的是，魏玛·鲁道夫并未因此而得到满足，她还是继续锻炼。1956年，魏玛·鲁道夫出现在墨尔本奥运会上，获得铜牌，创造了一项让人不敢相信的奇迹。4年后，她又骄傲地夺取3枚金牌，还先后创造了三项世界纪录，被人们冠以“黑羚羊”的美名。

鲁道夫用铁铮铮的事实向世人证明：只有依靠自己，不向生活屈服，那就永远不会被生活打败。只有经得起生活考验的人，才不会被历史遗弃,才属于真正的强者！职场中的我们应该明白一个道理:生活给予每个人的都是均衡的,不要总以为只有自己才是不幸的,说不定别人经历的比自己经历的还要痛苦。因此,不要拒绝生活带来的一切,包括失败、悲伤、困难,因为经历本身就是一种超脱和历练的过程。在困难与失败面前,我们能做到的只有临危不惧,用强者的心态去面对生活的考验。总而言之,只有做生活的强者,依靠自己自立自强,才能过上不纠结的幸福生活。

百度、搜狐的CEO,耐克、安踏的创始人,哪一个不是白手起家？他们之所以昂首挺胸,是因为他们在依靠自己。所以说,别人所给予的不是骄傲的资本,自己争取得到的才会持久。在任何时候,尤其是在竞争激励的职场,我们要永远记住这样一句话:你就是自己的依靠。

3 善于把握自己

一个人生存在这个社会上,如果要求自己居住的地方和交往的朋友都是品行好的人,往往是不切实际的。善与恶本来就是相比较而存在的。孔子说:“见贤思齐焉,见不贤而内自省焉。”意思是见到好人要想到向对方看齐,见到不好的人要想着自己有没有对方身上的缺点。也就是说,只要自己能把握住自己,那么“恶邻”、“损友”不但妨害不了自己,反而会为自己的进步提供反面的镜子。另一方面,不好的邻居或朋友也能在好邻居、好朋友的示范和带动下有所进步。

人活着,确实得把握住自己,能不为外界的时髦和流行所左右,保持平常、平静、平稳的心态,坚定地走下去。事实告诉我们,能够把握自己的人,就是胜利者！

把握自己,就是要学会控制自己的思想,总结自己的思想,以达到使

自己思想不断进步，不断完善，不断独立的过程。试想一下，一个连主观意识都没有的人如何成就事业，如何创造未来？他只会跪拜在胜利者的膝下，却还被愚昧牵制着喉咙，高喊着："战胜者和降伏者只有一步之遥，而我就在胜利的彼岸！"但社会是现实的，是会鉴别黄金和沙子的，要形成自己独立的想法，不模仿任何人，自己就是自己！

把握自己，首先得明白把握住一个什么样的自己。人有时生活得很盲目、很浮躁，只知道这个社会竞争很激烈，需要去奋斗，去搏击，但面对光怪陆离的诱惑，往往会身不由己地随波逐流，变得"我已然不再是我"。生活把我们每个人都卷进了生存竞争的大潮，只是有些人站在浪尖上领导时代新潮流，有些人则是被潮水推着不得不走，也有的干脆逆流而上。大道多歧，哪一条是对的，全靠自己把握。有些人选对了路，有些人却终生走不出命运的"迷宫"。而生活随时随地都有可能把你推向这样或那样令人困惑、彷徨、犹豫的十字路口，要你迅速做出非此即彼的选择。这种时候，仅有热情是不够的，我们必须经常地自省、审视自己。

一个在高校任教的研究生，在前些年一片"下海"声里，经不住诱惑，也稀里糊涂地"跳下水"，公开招聘到一家新闻单位，虽说待遇高了，但有些大材小用，再加上不善于为人处世，与领导、同事关系紧张，觉得还是做学问合适，经过努力考到了国内一所重点大学读博士。这位研究生放弃教书，没能充分地把握自己，经历了人生道路上的一段曲折与迷惘，后来迷途知返，重新把握住了自我，获得了成功。

身处职场，每天我们都会面临各式各样的诱惑。权重的高位是诱惑，利多的职业是诱惑，光环般的荣誉是诱惑，舒适的生活是诱惑……漫漫职场路，无论你是高管，还是普通员工，面对这一个又一个的诱惑，我们要不断地做出自己的判断和选择，选择对了，我们将继续攀登下一座高峰；错了，就有可能会停滞不前，甚至倒退。

面对职场诱惑，如何把握自己？

第一，要保持一颗平和的心。"非淡泊无以明志，非宁静无以致远"。当我们每天怀着宁静、惬意的心情生活工作时，我们的世界也会变得舒适快慰。心境的平和可以使我们不为名利所累、不为物欲所惑、不为人情所困。我们常说人要管得住自己，而管住自己最重要的就是要管住自己的心。面对权力、金钱、美色的诱惑，面对灯红酒绿的考验，有多少人能够做到心平如镜、心如止水，而不是心态失衡、贪心太重、花心放纵呢？把心管住，就是要把个人的私利看得轻一些，把他人的利益看得重一些；把功名利禄看得轻一些，把事业追求看得重一些；把权力、金钱、美色看得轻一些，把人性、人品、修养看得重一些。只有这样，我们才能在心态上少一份急躁与轻浮，多一点冷静与稳重；少一些私心和杂念，多一些自律和自省。面对诱惑与考验，每一个人都需要“定力”，平和的心态恰恰能为我们保有这种“定力”带来一股力量。

第二，应怀有一颗畏惧的心。古语说：“天下之事，成于惧而败于忽”，就是说天下之事往往成功于如履薄冰的谨慎忧惧之中，败亡于疏忽大意、放纵怠慢之下。我们说，一个人要具有不害怕任何事情的胆略，也应该具有未雨绸缪的忧患意识。一个“惧怕”意识淡薄，抱着“撑死胆大的，饿死胆小的”处世哲学的人，做起事来就会随心所欲、为所欲为、无所顾忌，其结果不言自明。一个人的胆量有大有小，但都应牢记“畏惧”二字，常怀畏惧之心，害怕应该害怕的东西。我们渴望权力，但应该害怕居高而头晕；我们渴望金钱，但应该害怕铜臭气；我们渴望成才出名，但应该害怕虚名。我们每个人所处的岗位不同，各自都应有各自应该害怕的东西。常怀畏惧之心，在生活和工作中，就会使我们常常想起自重、自省、自警、自励；常怀畏惧之心，在生活和工作中，就会督促我们做到慎独、慎初、慎微、慎行。常怀畏惧之心绝不是谨小慎微，更不是胆小懦弱，它是一种自我约束、自我管理、自我鞭策，它更是一针保持头脑清楚的清醒剂。

把握住自己，对春风得意者来说不易，对屡受挫折者来说更难，而一个人要有所成就，就必须认准了路，往前走莫回头。奋斗是苦的，成功却能为你带来欢乐。关键是孤寂失意时，为自己鼓鼓掌；懈怠时，要无情地鞭策自己；迷惑时，需要掂量掂量自己；成功时，莫被鲜花和荣誉冲昏了头脑……

爱因斯坦的老师，没有给他上学的机会，而他自己把握住机会，靠自学，最终走上探索科学的道路，成为举世瞩目的科学家；贝多芬失聪的耳朵没有给他创作音乐的机会，但他不放弃尝试，靠牙齿咬着木棒，创作出多少优美动听的音乐乐曲，被人们永世传唱；司马迁的时代没有给他著书立说的机会，可是他靠自己把握住的机会，花费了半生的时间，写下了流芳百世的《史记》。综观中外这些成功的人士，他们都是靠自己把握，抓住了机会，从而获得成功。

因此，把握自己，不仅要在诱惑重重的尘世里不为名利所动，更要在稍纵即逝的机遇面前将其牢牢抓住，从而不使岁月虚度，人生苍白。

4

好运掌握在自己的手里

好运气人人都盼，但好运气并不是在期待中轰然而至，而是悄悄地就来到身边。如同时间、如同空气，如果不紧紧抓住，她就会悄无声息地溜走。为什么小朋友总是把最喜欢的东西握在手心里？哪怕是一块巧克力，即便那巧克力化掉了也不会松手，因为小小的她已经知道：宝贝的东西一定要握住了。

同理，职场中的我们，想要握住近在咫尺的好运气，就不要“输给自己的眼睛”。有时我们第一眼所看到的，不会再同样出现第二次。那么，能不能在第一时间就读懂它的珍贵而用心抓住它呢？

好运气有很多种，无论是恋爱运、事业运、还是生活中发生的看似微不足道的幸福，我们都不要忽略。因为这些小幸福，或许就是你好运气的开始。

即使像《巴黎恋人》这样老套的爱情故事，也会成为我们心中的期待。当她在许愿池里投下一枚硬币的时候，好运气就接二连三地来了。她成为他的钟点工，成为他的工作助手，最后成为他生活中最爱的人。每一次的好运气都被她看见了，握住了，虽然有时也握不紧，也会从指缝中溜走一些，但是，她最终握住了她的爱情，她的生活和她的梦。

为一些或近或远的目标而持之以恒地努力着，是痛并幸福的事。有时不是你不幸，而是你没有准备好；有时不是你幸运，而是你抓住并延续了那些好机会。也就是说，好运气不会凭空而来。

一位长者讲过这么一个故事：

某知名企业登报招聘会计，次日，应征的履历表就如雪片般的飞来。经过面试而被录用的女孩，才貌普通，表面上看起来，实在找不出有什么特别过人之处，她能击败其他数十位对手，实在令人大感意外。

公司中的干部人员，都说她一定是被幸运之神给眷顾了，若是根据往例判断，凭她的条件，根本不可能被录用。

幸运的她在公司任职两年后，总经理的专任秘书突然发生车祸，严重的伤势在短期内无法复原，而接手人选竟然又是她，幸运的说法再次传遍公司上下，真是羡煞了众人。

幸运的事，还不仅止于此，由于公司与许多外商策略联盟，经常会和外国公司的高级主管接触，这其中有一名华侨，平时最喜欢下西洋棋，刚巧公司中只有她会下西洋棋，于是，二人在棋海中渐渐滋生情愫，最后缔结良缘，写下了一则现代灰姑娘的故事。

后来，有人实在弄不懂幸运之神为何总是眷顾她，好运气怎么总是在她的手里，便忍不住问了她。

她说：没你们说的那么玄，其实很简单。当初，要去公司应征的那一天，我没有睡过头，我在公司的人员还没有开始上班前就去公司门口等待了。我不知道公司担任面试的主管是谁，但我想，我可以在面试之前和陆续到公司上班的所有员工们打声亲切的招呼，而这里面一定也有主管人员在内，这样，我便能让他们建立起对我的好印象。我接到面试通知后，距离正式面试还有三天，我猜想，其他人大概只会抱持着等待的心情，但我却利用这段时间，去查阅公司的资料，包括成立背景、经营团队、产品走向、财务状况、市场布局以及历史新闻等等，并作充分的了解，如此一来，当别人还在关心她自己的工作权益时，我已经做好了随时可以上班的准备，自然能提高我被录用的机会。至于，我为什么能以最浅的资历去接任秘书的职位，那是因为，我花了

很多的心力，去观察、纪录公司中每一个重要人物的工作态度和工作流程。我知道前任秘书每天早上会替总经理泡一杯摩卡咖啡，加两块糖和一匙鲜奶油；到了下午三点，换成泡熏衣草茶，不加糖，但要放一片薄荷叶，而熏衣草茶包一定要是英国原装进口的才行。如果总经理情绪不好，递上一条冰毛巾是绝对不能稍有迟缓的。有几次前任秘书忽然请假，在那几天里，这些事情是谁帮总经理做的，我想我不必再多说了吧！

至于我是怎么认识我老公的，其实我之前并不会下任何棋。当我老公第一次来台湾的时候，我注意到他闲时总是一个人在下西洋棋，引发了我好奇和学习的兴趣。于是，当他第二次来台湾的时候，我已经将西洋棋学得很不错了。在下过几次棋之后，我们变成了好朋友，不过，当时的我，实在不敢对他存有任何男女感情的妄想，如果说，这整个过程中有属于你们所谓的幸运的部分，大概就是指他对我的爱了。但我也必须说，我的幸运来自于我的努力和我的用心，当我愈努力愈用心，也就愈幸运。

这个故事简直是一篇绝妙的“幸运”解说词！如今的人们，经常会抱怨自己不够幸运，却从来不懂得去探讨幸运发生的原因。其实，没有什么人天生就是幸运的，幸运要靠自己去争取，去经营。我们不应该再抱怨自己不够幸运了，应回头想一想，是不是自己还努力不够？或者流的汗太少，用的心太浅？如果你都做到了，好运气就自然会被你握在手中。

在职场中，我们遇到困难的时候，或遭遇厄运的时候，总是希望好运降临，等待好运降临，殊不知，好运就在我们自己的手中。

5 宽恕他人升华自己

宽恕一直是人类的一种美德，它除了减轻对方的痛苦之外，事实上，是在升华自己。因为，当我们宽恕别人的时候，我们反而能得真正的快乐。试想想，假如我们看别人不顺眼，对别人的行为不满意，那么痛苦的不是别人，而是自己。

在二战期间，一支部队在森林中与敌军相遇，发生激战。最后两名来自同一个小镇的战士与部队失去了联系。两人在森林中艰难跋涉，互相鼓励、安慰。半个月过去了，他们仍未与部队联系上，幸运的是，他们打死了一只鹿，依靠鹿肉又可以艰难度过几日了。然而，这以后他们再也没看到任何动物。仅剩下的一些鹿肉，背在年轻战士的身上。

这一天他们在森林中遇到了敌人，经过再一次激战，两人巧妙地避开了敌人。就在他们自以为已安全时，只听到一声枪响，走在前面的年轻战士中了一枪，幸亏在肩膀上。后面的战友惶恐地跑了过来，他害怕得语无伦次，抱起战友的身体泪流不止，赶忙把自己的衬衣撕下包扎战友的伤口。

到了晚上，未受伤的战士一直念叨着母亲，两眼直勾勾的。两人都以为他们的生命即将结束，身边的鹿肉谁也没动。天亮后，部队救出了他们。

30 年过去了，那位受伤的战士说："我知道谁开的那一枪，他就是我的战友。他去年去世了。在他抱住我时，我碰到了他发热的枪管，但当晚我就宽恕了他。我知道他想独吞我身上带的鹿肉活下来，但我也知道他活下来是为了他的母亲。30 年了，我装着根本不知道此事，也从不提及。战争太残酷了，他母

亲还是没有等到他回来，我和他一起祭奠了老人家。他跪下来，请求我原谅他，我没让他说下去。我们又做了二十几年的朋友，我没有理由不宽恕他。”

一个人拥有宽容，生命就会多一分空间，多一分爱心。朋友难免有缺陷和过错，理解、宽容是解除痛苦和矛盾的最佳良药，能升华友谊，使之更高洁、更纯净。

也许生活中确实存在很多矛盾和困难，物价上涨、住房拥挤、人际关系紧张，还有这个“难”，那个“难”，真让人有点儿喘不过气来。诅咒、谩骂、生闷气都无济于事，反而会给疲惫的身躯又增加几分负担。只要冷静观察，就会发现，人们的生活本来就是苦、辣、酸、甜、咸五味俱全。在生活中，看不惯的很多，理解不了的也很多，失望的也很多。但人的能力毕竟是有限的，愤世嫉俗不会改变事态的发展，不会使关系缓和。

所以，我们要学会让自己保持一种恬淡的心态，去做自己应该做的事情。整日为一些闲言碎语、磕磕碰碰的事情郁闷、恼火、生气，总去找人诉说，与对方辩解，甚至总想变本加厉地去报复，这将会贻误自己的事业，失去更多美好的东西。

英国诗人托马斯·查特敦，年轻的时候并不圆滑，但后来却变得富有外交手腕，善于与人相处，因而成了美国驻法大使。他的成功秘诀是：“我不说别人的坏话，只说人家的好处。”这就是说，只有不够聪明的人才批评、指责和抱怨别人。

但是，善解人意和宽恕他人，需要有修养自制的本事。

鲍勃·胡佛是个有名的试飞驾驶员，时常表演空中特技。一次，他从圣地亚哥表演完后，准备飞回洛杉矶。胡佛在300英尺高的地方，两个引擎同时出现故障，幸亏他反应灵敏，控制得当，飞机才得以降落。虽然无人伤亡，飞机却已面目全非。

胡佛在紧急降落之后，第一件事就是检查飞机用油。正如所料，那架第二次世界大战时期的螺旋桨飞机，装的是喷射机用油。

回到机场，胡佛要求见那位负责保养的机械工。年轻的机械工早已为自己犯下的错误痛苦不堪，一见到胡佛，眼泪便沿着面颊流下。他不但毁了一架昂贵的飞机，甚至差点造成三个人死亡。你可以想象胡佛当时的愤怒。这位自负、严格的飞行员,显然应该为不慎的修护工作大发雷霆,痛责那机械工一番。但是出人意料的是,胡佛并没有责备那个机械工人,只是伸出手臂围住工人的肩膀说:“为了证明你不会再犯错,我要你明天帮我修护我的F—51飞机。”

胡佛如果充满愤怒地责骂那位机械工一顿,这是情理之中的事,相信那位机械工也只得流泪接受,但这样的话,却并不能挽回或弥补已成事实的损失,很可能会给机械工的心灵造成一种更大的负担,甚至伤害。胡佛懂得这个道理,所以他宽恕了那位机械工的过错,同时也升华了自己。

中国历年都有许多人在国外做生意,有的甚至定居在国外。在美国一个市场里,有个中国妇女的摊位生意特别好,引起了其他摊贩的忌妒,大家常有意无意地把垃圾扫到她的摊位前。这个中国妇女只是宽厚地笑笑,不予计较,反而把垃圾都清扫到自己的角落。

旁边卖菜的墨西哥妇人观察了她好几天,忍不住问道:“大家都把垃圾扫到你这里来,你为什么不生气?”

中国妇人笑着说:“在我们国家,过年的时候,都会把垃圾往家里扫,垃圾越多就代表会赚很多的钱。现在每天都有人送钱到我这里,我怎么会舍得拒绝呢?你看我的生意不是越来越好吗?”

从此以后,那些垃圾就不再出现了。

这位中国妇女化诅咒为祝福的智慧确实令人惊叹,然而更令人敬佩的却是她那与人为善的宽容的美德。她用智慧宽恕了别人,也为自己创造了一个融洽的人际环境。俗话说,和气生财,自然她的生意越做越好。如果她不采取这种方式,而是针锋相对,又会怎样呢?结果可想而知。

《史记》中记载,舜的父亲是个瞎子,生母去世后,父亲又娶了一个妻子,并生了一个儿子。父亲喜欢后妻的儿子,总想杀死舜,遇到小过失就要严厉惩罚他。但舜却孝敬父母、友爱弟弟,从来没有松懈怠慢。舜非常聪明,他们想杀舜的时候,却找不到他;但有事情需要他的时候,他又总在旁边候着。

有一次,舜爬到粮仓顶上去涂泥巴,父亲就在下面放火焚烧

粮仓，但舜借助两个斗笠保护自己，像长了翅膀一样，从粮仓上跳下来逃走了。后来，父亲又让舜去挖井，舜事先在井壁上凿出一条通往别处的暗道。挖井挖到深处时，父亲和弟弟一起往井里倒土，想活埋舜，但舜又从暗道逃走了。他们本以为舜必死无疑，得意洋洋地回到家里，并讨论说："这回舜准死了，现在我们可以把他的财产分一分了。"说完，向舜住的屋子走去，哪知道，一进屋子，舜正坐在床边弹琴呢。父亲很不好意思地说："哎，我们多么想念你呀！"舜也装作若无其事，说："你们来得正好，我的事情多，正需要你们帮助我来料理呢。"

舜的父亲和弟弟经常想方设法害舜，但舜不计前嫌，还像以前一样侍奉父亲、友爱弟弟。后来他的美名远扬，尧帝知道后，把两个女儿嫁给他，并让位于他，天下人都归服于舜。

宽恕别人不是一件容易的事情，宽恕伤害了自己的人则更难。也正因为如此，那些胸怀宽广的人才更受人尊敬。中国妇女因为宽恕使自己的生意越做越火，舜因为宽恕的美德受到尧的赞赏而坐上了帝王的宝座。

所以说，只有宽恕他人才能升华自己。"以德报怨"，用爱来化解仇恨，仇恨也会化成爱。当我们不断地用爱充满内心、包容他人，那么整个世界都将被爱包容，自己的生活也将充满幸福。

6

调控良好的情绪

情绪是个体对外界刺激的主观的有意识的体验和感受，具有心理和生理反应的特征。我们无法直接观测内在的感受，但是我们能够通过其外显的行为或生理变化来进行推断。情绪包括喜、怒、忧、思、悲、恐、惊七种。行为在身体动作上表现得越强就说明其情绪越强,如喜会是手舞足蹈、怒会是咬牙切齿、忧会是茶饭不思、悲会是痛心疾首等等,就是情绪在身体动作上的反应。

情绪不可能被完全消灭,但可以进行有效疏导、有效管理、适度控制。只有调控好了自己的情绪,才有幸福生活的可能性。

心理学专家把人类的烦恼和痛苦分为两类:一类叫做“必要的痛苦”,比如人生的几大悲哀,少年丧父、中年丧偶、老年丧子等,无论谁遇到了都会痛;第二类是“自找的痛苦”,我们在生活中尝到的很多痛苦都是自己找的。

对于那些必要的痛苦,我们必须要学会接纳它,与它和平共处,这样才能控制它。人们在面临不良情绪的时候,你越是害怕它出来,越关注它,就等于在不断给它能量,它就会越厉害,如同小孩子调皮,大人越生气,有的小孩子反而越来劲。对于一些不良的情绪,要忽略它,整天提心吊胆,担心它的出现,它就会找各种理由出来。

但快乐和痛苦都是相对的。任何事情都有好的一面,也有坏的一面。如果我们感受到事物坏的一面,我们就会痛苦,而如果我们感受到事物好的一面,我们就会愉快。在生活中,如果总是从消极的一面去看事物,我们就永远享受不到快乐。

另外,我们在经历一件事情的时候,两种截然相反的情绪体验可能同时存在。比如我们在网吧里上网聊天时,一方面感到很开心,一方面又感觉浪费了时间。任何事物对我们来讲都是有利也有弊的,如果我们两方面都能感受到,又不能很好地处理,情绪就是矛盾的,而这种矛盾的情感正是心理病理产生的温床。有些人一边花钱享受,一边心疼、后悔,我们称这类人“享受能力低下”。其实话说回来,我们奋斗的落脚点不就是为了享受生活?

我们的行为,常常可以由我们的情绪来驱动。我们有很多行为是受情绪左右的。比如有的人一辈子就是为了爱,追求自己所爱的人;有的人一辈子都在奋斗,就因为从小受到他人的歧视,一定要争一口气。情绪上来得越高,其对行为的驱动就越强,到极端的时候我们的行为就会完全失去理智,出现冲动行为。

比如,有的人越害怕女朋友有外心,就越容易感受到一些蛛丝马迹;

越害怕同事的反感，就越容易感受到同事的排斥。

不过，一种情绪产生之后，常常会伴有能量的蓄积，蓄积的能量需要释放出来。如果总是蓄积而不释放，就会郁积成病。所以，我们有了情绪就要表达出来，如果总是不表达就会出毛病。怎样表达呢？

(1)向自己表达。

所谓向自己表达就是向你自己的意识表达，让你自己的意识很清楚地认识到你的情绪状态以及它的来源。平时，我们很少关注自己的情绪，所以，患抑郁症的病人，通常不是就诊于专科医院，而是去综合医院。因为在不高兴的时候，我们常常不是用自己的心理来说话，而是用躯体来说话，比如一个人生气了，他可能意识不到生气，但却感觉到胸闷憋气。如果想要调控自己的情绪，首先就要学会关注自己的情绪，时常跳出来，看看自己是怎样的情绪状态，紧张、焦虑、生气，或者是失恋了等等。总是不关注或否定自己的情绪，这是最糟糕的。

(2)向他人表达。

你可以找人聊天，找你的亲人，找你的朋友，向他们表达。以后还会有越来越多专业化的表达，那就是找心理治疗师。

(3)向环境表达。

当你不高兴的时候去跑步，去旅游。当你站在高山之巅看苍穹，或者站在大海之边看海浪的时候，你就会觉得那些不高兴的事情没有什么大不了的。你还可以到深山老林里去高喊，或者把自己关在屋子里打沙袋，如果愿意的话还可以用头去撞墙，当然要轻一点。这些就是向客观环境表达。

> 歌德失恋以后，把自己失恋的痛苦体验转变成一种艺术创作的源泉，《少年维特之烦恼》这本书才因此而产生。他将当时那种悲痛的情绪变成一部不朽的艺术作品，留传下来。真正有生命力的艺术作品，都是作者内心真实的情感写照。贝多芬创作《命运交响乐》，也正是在他感叹命运沧桑的时候创作出来的。

当然，如果你实在没有艺术创作的天赋，你还可以去欣赏艺术。在艺术作品欣赏和创作当中，把自己的情感表达出来，同时又不伤害别人。

情绪不好对我们身心都是一种损害。比如我们焦虑的时候，认知功能就会下降。还有一些人注意力会忽然下降，记忆力会忽然减退，这实际上是抑郁或者焦虑情绪的表现。

所以说,要想获得幸福,我们必须随时随地学会调控自己的情绪,如何调控,要根据个人的情况而定。有专家给我们列出了下面一些调控措施,值得学习:

(1)意识控制

当愤愤不已的情绪即将爆发时,要用意识控制自己,提醒自己应当保持理性,还可进行自我暗示:“别发火,发火会伤身体”。有涵养的人一般能做到控制。

(2)自我鼓励

用某些哲理或某些名言安慰自己,鼓励自己同痛苦、逆境作斗争。自娱自乐,会使你的情绪好转。

(3)语言调节

语言是影响情绪的强有力工具。当你悲伤时,朗诵滑稽的语句,可以消除悲伤。用“制怒”、“忍”、“冷静”等自我提醒、自我命令、自我暗示,也能调节自己的情绪。

(4)环境制约

环境对情绪有重要的调节和制约作用。情绪压抑的时候,到外边走一走,能起调节作用。心情不快时,到娱乐场做做游戏,会消愁解闷。情绪忧虑时,最好的办法是去看看滑稽电影。

(5)安慰

当一个人追求某项目标而达不到时,为了减少内心的失望,可以找一个理由来安慰自己,就如狐狸吃不到葡萄说葡萄酸一样。这不是自欺欺人,偶尔作为缓解情绪的方法,是很有好处的。

(6)转移

当火气上涌时,有意识地转移话题或做点别的事情来分散注意力,便可使情绪得到缓解。打打球、散散步、听听流行音乐,也有助于转移不愉快情绪。

(7)宣泄

遇到不愉快的事情及委屈,不要埋在心里,要向知心朋友或亲人诉说出来或大哭一场。这种发泄可以释放内心郁积的不良情绪,有益于保持身心健康,但发泄的对象、地点、场合和方法要适当,避免伤害别人。

(8)幽默

幽默是一种特殊的情绪表现，也是人们适应环境的工具。具有幽默感，可使人们对生活保持积极乐观的态度。许多看似烦恼的事物，用幽默的方法对付，往往可以使人们的不愉快情绪荡然无存，立即变得轻松起来。

许多人都懂得要做情绪的主人这个道理，但遇到具体问题却总是知难而退。控制情绪实在是太难了，言下之意就是：我无法控制情绪。别小看这些自我否定的话，这是一种严重的不良暗示，它真的可以毁灭你的意志，丧失战胜自我的决心。还有的人习惯于抱怨，觉得生活没有人比他更倒霉了，生活对他太不公平，抱怨声中他得到了片刻的安慰和解脱，却让自己无形中忽略了主宰生活的职责。如果要改变一下对身处逆境的态度，你应该用开放性的语气对自己坚定地说："我一定要走出情绪的低谷，现在就让我来试一试。"

其实，调整控制情绪并没有你想的那么难，只要掌握一些正确的方法，就可以很好地驾驭自己、输入自我控制的意识是开始驾驭自己的关键一步，依靠理智驾驭自己的情感，可以使矛盾得以缓解，情绪得以安定。

现实生活告诉我们，一个人的情绪如果能得到有效调控，幸福自然不会遥远。

7 快乐是一种好心态

每个人都想快乐地生活，但命运却总捉弄人，人生可是十有八九都不如意。面对这个充满各种迷惑、令人眼花缭乱的世界，如何在人生旅行中追求快乐是值得我们深思的话题。如果我们每天都用点时间来关注自己的心灵,就能寻找到属于你自己的那份快乐。快乐是一种好心态,其实快乐就在你身边,它需要我们用心去感受和体味。

人在职场,快乐往往寓于平凡之中。甘于平凡,并不是庸碌无为,不求进取,而是一种生存姿态。正是因为平凡,我们必须辛勤劳作,必须付出更多的心血和汗水,打造属于自己的那片天空,尽管很累,但我们仍然可以放飞自己的心情,去思考和选择多彩的人生。不难发现,斗转星移,岁月易逝,人生总要经历流转迁徙,甚至生离死别。苏轼也曾感慨道"人有悲欢离合,月有阴晴圆缺,此事古难全——"。这些都是生活中的缺憾。然而,生活还将继续下去。虽然我们不可能改变人生游戏规则,但可以把握自己,改变自己的心情,因为快乐是一种好心态。

在我们的日常生活中,很多人都觉得现代生活压力太大,柴米油盐的日子太平淡,觉得活着太累。其实这涉及一个如何认识生活的问题,如何调整心态的问题。

很多时候,快乐只是一种心态。所谓心态就是生活态度,可以说,心态决定着人的情绪和意志,决定着行为和生活质量,一个人,无论处在怎样的境地,只要有个好心态,快乐就在身边。

生命,需要鼓舞与希望;心灵,需要温暖与滋润。快乐并非来自物质的充盈与傲人的成就,它是一种用心感悟得来的愉悦和满足。它的滋味,就在心里。

一个不能靠自己的心态改变命运的人,是不幸的,也是悲哀的。因为他没有把命运掌握在自己手中,反而成为命运的奴隶。对绝大多数人而言,缺少的并不是获得快乐的智慧,而是帮助自己获得快乐的良好心态。

良好的心态是能孕育灵魂和精神的力量。著名心理学家马斯洛说:"心若改变,你的态度跟着改变;态度改变,你的习惯跟着改变;习惯改变,你的性格跟着改变;性格改变,你的人生跟着改变。"悲观的心态,使人灰心丧气;乐观的心态,使人充满活力。所以说,快乐与心态有关。

心态决定人生,心态决定命运,心态决定幸福。"祸兮福所倚,福兮祸所伏。"在挫折、不幸、灾难或厄运降临的时候,我们要保持乐观的心态,而不能被消极悲观的心态俘虏,更应以"得意时淡然,失意时坦然"的心态直面人生。我们左右不了外部的世界,但我们可以把握自己的心态,把握住了自己的心态,也就拥有了一个美丽而宁静的精神世界,快乐就会像潮水

一样向我们涌来。

有好心态的人，始终以积极的方式回应生活中的酸甜苦辣和旦夕祸福。好心态是获取幸福的法宝，是一生享用不尽的财富。

试着培养一种平和乐观的心态，对于尚未感觉到快乐的人来说，更加重要。

有首古诗写道："但愿此心春长在，须知世上苦人多。"现实中真的是有许多人感到自己活得很辛苦，生活中没有一点乐趣。正因为世人心中无"春"，所以才无快乐可言。其实人生是快乐的，只不过快乐深藏于心，不容易被人发现而已。

荣启期在泰山，优哉游哉，鼓琴而歌。孔子路过，就问他为何这等快乐？

荣启期回答道："天生万物，唯人为贵，我得为人，何不乐也？"

正如荣启期所说，生而为人即是一种快乐，快乐是人生的主题。只要我们用心去体会，以饱满的热情去面对生活，就能快乐度过每一天。

有些人抱怨生活太清苦，一些人到外界去寻求快乐，而对身边的美景熟视无睹，其实只要用心生活，身边就有令人感动的美景。

曾经有一个人，为了得到不尽的幸福，不惜跋山涉水，去寻找传说中盛产于终南山的幸福藤。一路上，他历尽千辛万苦，终于来到了终南山麓，在险峻的山崖上，找到了幸福藤。可是他虽然得到了这种藤，却发现自己并没有得到预想中的快乐，反而感到一种空虚和失落。

这天晚上，他在山下一位老人的茅屋中借宿。望着皎洁的月光，他发出一声长长的叹息。老人闻声而至："年轻人，什么事让你这样叹息呀？"于是他说出了自己心中的疑问："为什么已经得到了幸福藤的我，却没有感到快乐，没有感到幸福呢？"老人一听乐了，说："其实，幸福藤并非终南山才有，而是人人都有，只要你有幸福的根，即使走到天涯海角，也能得到幸福。"老人的话让这个年轻人豁然开朗，又问："什么是幸福的根呢？"老人就说："心就是幸福的根。"

是啊，老人说得多好呀，心就是幸福的根，心态不好的话，幸福又从何而来？快乐又从何而至？所以才有人说，幸福和快乐与贫富无关。

清人石成金曾在一篇文章中写道：有时候薄酒饮几杯，好书读几遍，有时候散步明月下，有时候高歌好花前。随时皆故里，到处是桃源，无荣也无辱，快活似神仙，如此足矣，更何望焉？

是的，在人生的每一季节，快乐要靠感知去捕捉，要靠良好的心态去品味、去淘取，因为快乐本身就是一种好心态。

8

莫让爱成为伤害

爱是最永恒的财富，因为爱，世界更美好；但爱有时也会成为一种意想不到的伤害。

如果你爱雪花的美丽纯洁，就让这些可爱的小精灵在空中自由飞舞吧，也许它们会给你一个更美的世界！不要因为爱，就把它们攥在手心，你的温度只会让它们融化。

如果你爱枝头娇羞的桃花，就让它在枝头尽情绽放吧！不要因为爱，去采摘它。因为你的爱，在扼杀它的生命的同时，还让它失去了结果的机会。

如果你爱林中鸟儿婉转的啼鸣，就让它在空中自由地飞翔吧！不要因为爱，就为它建一个樊笼。因为你的爱，在给它一方晴空时，却让它失去了更广阔的家园。

如果你爱春天里那青青的草地，就远远地驻足观望吧！不要因为爱，就把它当成你的地毯。因为你在爱抚它的同时，也践踏了它的美。

如果你爱你的恋人，就让他做他自己吧！不要因为爱，而刻意去改变他。因为他在改变的同时，可能不再是你当初爱的人了。

……

有的东西你再喜欢也不会属于你的，有的东西你再留恋也注定要放弃的，爱是人生中一首永远也唱不完的歌。人一生中也许会经历许多种爱，但千万别让爱成为一种伤害。

天鹅湖中有一个小岛，岛上住着一位老渔翁和他的妻子。平时，渔翁摇船捕鱼，妻子则在岛上养鸡喂鸭，除了买些油盐，他们很少与外界往来。

有一年秋天，一群天鹅来到岛上，它们是从遥远的北方飞来，准备去南方过冬的。老夫妇见到这群天外来客，非常高兴，因为他们在这儿住了那么多年，还没谁来拜访过。

渔翁夫妇为了表达心中的喜悦，他们拿出喂鸡的饲料和打来的小鱼招待天鹅，于是这群天鹅跟这对夫妇熟悉起来，在岛上，它们不仅敢大摇大摆地走来走去，而且在老渔翁捕鱼时，它们还随船而行，嬉戏左右。

冬天来了，这群天鹅竟然没有继续南飞，它们白天在湖上觅食，晚上在小岛上栖息。湖面封冻，它们无法获得食物，老夫妇就敞开他们的茅屋让它们进屋取暖，并且给它们喂食，这种关怀一直延续到春天来临，湖面解冻。

日复一日，年复一年，每年冬天，这对老夫妇都这样奉献着他们的爱心。有一年，他们老了，离开了小岛，天鹅也从此消失了，不过它们不是飞向南方，而是在第二年湖面封冻期间饿死的。

人与自然相通。有时候看似伤害，其实是一种关爱；而有时候爱得多了，却恰恰是一种伤害，并且会致命。在这个世界上，最伟大的莫过于爱；但爱也要有个度，超过这个度，爱就有可能变成一种伤害。

所以说，在适当的时候，要学会放飞你的爱人，否则，在不可知的未来，你的爱也许会变成一种伤害。

《霸王别姬》，一个感动了多少人的爱情故事，被几代人演了又演，唱了又唱，却始终荡气回肠、绵绵不尽。虞姬用她的刻骨柔情换得项羽的豪情天纵，把霸王别姬的故事推向了高潮……抛开战败的背景，我们感慨叹息，却始终道不出这样的结局是喜是悲。

有些缘分一开始就注定要失去。

梁祝，一曲说尽几代缠绵，给人无限伤感。所有人都看到了梁祝二人的痴情，可又有谁想过马文才？他该放弃的，如果真爱，那就让她自由给她幸福，而祝英台的幸福是和她爱的人在一起。把一个没有灵魂的躯壳缚于身旁又有什么意义呢，他明明知道是悲剧。不知道他有没有后悔过，宁肯失去自己爱的人，也不要让她的爱成为绝恋。

爱一个人不一定要拥有，但拥有一个人就一定要好好地去爱他。话说起来容易，可一到做时就真的很难。

因为，爱情往往不如想象的那般完美，即使两个人仍相爱，即使他们都想好好地爱，一旦有了裂痕，就无法修复。爱就如同水晶般易碎。

职场中的我们，来自天南地北，是缘分让我们走到了一起，我们更要珍惜爱，呵护爱。因为爱可以是一瞬间的事情也可以是一辈子的事情。爱是职场中一道美丽的风景，当你拥有一份真爱时，一定要真心对待，好好珍惜，千万别让爱成为一种伤害……

9 一心向着幸福走

什么是幸福？《辞海》给出一个定义，使人心情舒畅的境遇和生活，就叫幸福。所谓幸福，其实就是一个人是否有开心的事，一种心情而已。

幸福，如何去定义这个词，也许范畴真的很广。有的人会花一生的时间去体验它，有的人已经得到了他们所谓的“幸福”，有的人却还在为这两个字眼不懈奋斗。

在平淡的日子里，幸福就是在困难之时的抚慰之手；幸福是多予少取，幸福是有失必有得之后的满足和认可。可是大多数人在谈论幸福的

时候，总会落入一个俗套，大多数人都认为幸福是一个目标，幸福是一个终点。

那么实际上是不是这样的呢？答案当然是否定的。为什么很多人，为了得到幸福努力了一辈子，可到头来却什么也没找到呢，那是因为他们苦苦追寻的目标只是一个空影子，永远都不可能得到！

没有一条能够通往幸福的路，因为寻找幸福的过程本身就是幸福。幸福不是一个终点或目标，幸福是一个过程。幸福是在孜孜不倦的追求中所经历的成功和喜悦。

我们往往以某个事件或某个结果的发生作为得到幸福的标准，比如童话故事里，公主和王子最后总是会在一起的，从此就过上了幸福的生活；现实中，我们总是有种惯性思维，会相信到了以后某个所希望的阶段或者实现了一些梦想后会更幸福。小时候，总是烦恼做不完的作业、被家人和老师管得死死的，向往上大学后的随心所欲，总觉得上大学后就幸福了；等到上大学后，开始目睹到一些丑恶的东西，又悲哀地发现不得不长大，又开始向往工作后的成功；工作后，肩膀上的压力渐渐沉重，又开始向往退休后的休闲，但当真正闲下来，却又开始回忆以前了……当我们希冀的结果发生后，我们却发现接下去的生活问题和烦恼也是会不断发生，这就是人生，人生就是一段旅途，而不是目的。我们都希望早日到达幸福的终点，但往往，通向幸福本来就没有路，幸福就是我们走的这一遭，就是这个过程。

我们很多人都在追求幸福，他们在想着：等到有朝一日我达到了这些目标，我有了车，我有了楼，我有了这企业，我有了爱人……那么我就有了真正的幸福。可是真正的生活根本就不是这样的，如果你靠等待某事的发生，如果你靠外界因素决定你是否幸福，那么，你就永远不会有幸福。真正持久的幸福在于诚实、自尊、有效的工作以及这些给别人带来的喜悦和开心。在这个过程当中你是幸福的。幸福是一个过程，这才是幸福的真谛！只有你一心向着幸福走，你才会感受到幸福。

每一个职场人都明白，人生的目标需要不断地调整，一个目标实现之后，很快又能设立新的起点，然后找准方向，按照自己的思路前进，不管遇到怎样的困难，都能勇敢地接受挑战。过程尽管艰辛，但是，你所体会到的却是战胜自我后的幸福与快乐。因此，幸福就像一场接力，只有一个一个地传递下去，幸福才会永存，而且不会因为任何原因而终止。

曾经有一位身材瘦小、年纪已经七十四岁的老妇人，本来她早已退休，可以安安心心地享受幸福的晚年生活，可是她却一直有计划地过着自己的余生。她曾当过教师，有很丰富的教学经验，退休后便到各个幼儿园去讲故事。她的每一个故事都是经过特别挑选的，而且用幻灯片来增加动画效果。孩子们喜欢听，她也因此觉得很充实、很幸福。后来听到别人的赞扬和鼓励后，她决定把这当做一项愉快的事业来做。从中她也逐渐认识到，年龄不是从事一项愉快事业的障碍或缺陷，相反，由于多年的教学经验和积极的心态，她反而能把故事讲得更加动人。

她写下更多的推广计划，内容包括许多为学龄前儿童所设计的故事节目。她不仅用口讲述，并且用幻灯片给大家演示，因此很容易被人接受。另外，她富有戏剧性和充满人情味的讲述方法，赢得了大家的欢迎。现在，她已把自己的热情和信心送到美国各地，把欢乐带给成千上万个儿童。她没有让自己的年纪成为障碍或偷懒的借口，她认识到自己的能力和经验，然后把构想付诸行动，她做得非常成功。

这样一位古稀老人，用她的实际行动延续着美好、灿烂的幸福过程。岁月没有使她变老，幸福也注定伴她一生。

其实，我们追求幸福的过程远比幸福到来的那一刻要快乐得多，因为我们在追求的过程中不仅使自己变得坚强、自信，还收获了成功和喜悦。

幸福是人人渴望的，当你拥有了一份幸福时，还需要不断地维护这份幸福，就像一对恩爱的夫妻，蜜月过后，仍然需要两个人共同努力才能使幸福婚姻不断向前发展，永远保持下去，永不褪色。

琼丝曾经认为嫁给一个疼爱自己的丈夫，就是她对幸福的全部要求。幸运的是，她实现了自己的这一愿望。

一开始，琼丝幸福极了，她认为自己已别无所求。可是，没过多久，她又认为：如果能有一个自己的孩子，那人生就更完美了。两年后，琼丝真的生下了一个聪明漂亮的女儿。她想：这下自己该不会再有所求了吧。可是，随着时光的流逝，孩子一天天地长大，琼丝又开始不满足起来，她想：难道自己就这样整天待

在家中，照顾丈夫、抚养孩子，没有自己的事业，让青春如此白白地消逝吗？一想到这儿，琼丝就很悲伤，觉得生活又不幸福了。是不是自己太贪心了？上帝已经满足了自己一个又一个的愿望，她认为这一次如果实现了自己的愿望，她就永远会觉得幸福。但事实却并非如此，实现了一个愿望，她又想着去追求另一个幸福了。

最后琼丝想通了：并不是自己贪心，而是因为幸福是没有终点的。想通了这一点，她就开始开心地追求自己的幸福了。

现在，琼丝已经有了自己的食品加工厂，她还计划着把这个厂做大，让自己的食品畅销全美国和全世界。

而职场上，许多人却不像琼斯一样能够醒悟，他们一直在追逐幸福，把幸福看成是追求的终点，目不转睛，盯着前方，丝毫不敢放松，众多疲累也随之而来，却忘了享受当下。遗漏了一路而来的心情，也忘记了每一个过程都是组成幸福的一个片段，只把幸福想象得那么遥不可及，只想着怎样才能得到幸福，于是倦了，累了，却也换不来幸福。

殊不知，幸福是一个不断寻找与追求的过程，它没有终点，只有不停止地去寻找，一心向着幸福走，幸福才能永远在我们身边。

附　录

生活小窍门

1. 巧用牙膏:若有小面积皮肤损伤或烧伤、烫伤,抹上少许牙膏,可立即止血止痛,也可防止感染,疗效颇佳。

2. 巧除纱窗油腻:可将洗衣粉、吸烟剩下的烟头一起放在水里,待溶解后,拿来擦玻璃窗、纱窗,效果均不错。

3. 将虾仁放入碗内,加一点精盐、食用碱粉,用手抓搓一会儿后用清水浸泡,然后再用清水洗净,这样能使炒出的虾仁透明如水晶,爽嫩可口。

4. 和饺子面的窍门:在 1 斤面粉里掺入 6 个蛋清,使面里蛋白质增加,包的饺子下锅后蛋白质会很快凝固收缩,饺子起锅后收水快,不易粘连。

5. 将残茶叶浸入水中数天后,浇在植物根部,可促进植物生长;把残茶叶晒干,放到厕所或沟渠里燃熏,可消除恶臭,具有驱除蚊蝇的功能。

6. 夹生饭重煮法:如果是米饭夹生,可用筷子在饭内扎些直通锅底的孔,洒入少许黄酒重焖,若只表面夹生,只要将表层翻到中间再焖即可。

7. 烹调蔬菜时如果必须要焯,焯好菜的水最好尽量利用。如做水饺的菜,焯好的水可适量放在肉馅里,这样即保存营养,又使水饺馅味美有汤。

8. 炒鸡蛋的窍门:将鸡蛋打入碗中,加入少许温水搅拌均匀,倒入油锅里炒,炒时往锅里滴少许酒,这样炒出的鸡蛋蓬松、鲜嫩、可口。

9. 如何使用砂锅:新买来的砂锅第一次使用时,最好用来熬粥,或者用它煮一煮浓淘米水,以堵塞砂锅的微细孔隙,防止渗水。

10. 巧用“十三香”:炖肉时用陈皮,香味浓郁;吃牛羊肉加白芷,可除膻增鲜;自制香肠用肉桂,味道鲜美;熏肉熏鸡用丁香,回味无穷。

11. 和饺子面的窍门:面要和的略硬一点,和好后放在盆里盖严密封,醒 10～15 分钟,等面中麦胶蛋白吸水膨胀,充分形成面筋后再包饺子。